U0241081

高职高专机电类教学改革规划教材
国家精品课程配套教材

电工及电气测量技术

主　编　杨　红
副主编　徐　茜
参　编　郝英明　易　丹　欧　松
　　　　张　磊　李志斌

机械工业出版社

本书是高职高专机电类规划教材。全书共分8章，包括电路的基本概念和基本定律，直流电路的连接方法及分析，电路的分析方法，正弦交流电路，RLC串并联电路的分析，三相电路，变压器，电路的暂态分析以及EWB计算机仿真实验。

本书根据高职教学的特点，配以大量插图帮助学习，注重理论联系实际，特别增加了常用电工仪表的实际测量部分，论述清晰准确，深入浅出，重点突出，便于自学。为便于教师授课，本书特别备有免费电子课件，凡选用本书作为授课教材的老师均可来电索取，咨询电话：010-88379375。

本书实用性强，可作为高职、中职电气自动化、机电一体化、建筑电气、电气工程等专业学生的教材或参考书，亦可供广播电视大学、职工大学、业余大学以及应用型本科相关专业使用，对于从事电力应用方面的有关工程技术人员亦有较高的参考价值。

图书在版编目（CIP）数据

电工及电气测量技术/杨红主编. —北京：机械工业出版社，2013.3
（2021.7重印）
高职高专机电类教学改革规划教材　国家精品课程配套教材
ISBN 978-7-111-42162-7

Ⅰ. ①电…　Ⅱ. ①杨…　Ⅲ. ①电工技术－高等职业教育－教材②电气测量－高等职业教育－教材　Ⅳ. ①TM

中国版本图书馆CIP数据核字（2013）第075600号

机械工业出版社（北京市百万庄大街22号　邮政编码100037）
策划编辑：于　宁　责任编辑：于　宁　冯睿娟
版式设计：霍永明　责任校对：刘志文
封面设计：姚　毅　责任印制：李　昂
北京圣夫亚美印刷有限公司印刷
2021年7月第1版第6次印刷
184mm×260mm·10.75印张·261千字
9901—11800册
标准书号：ISBN 978-7-111-42162-7
定价：35.00元

电话服务　　　　　　　　　　网络服务
客服电话：010-88361066　　机　工　官　网：www.cmpbook.com
　　　　　010-88379833　　机　工　官　博：weibo.com/cmp1952
　　　　　010-68326294　　金　书　网：www.golden-book.com
封底无防伪标均为盗版　　机工教育服务网：www.cmpedu.com

前　言

　　《电工及电气测量技术》是2004年高职高专国家精品课程"电工及电气测量技术"的配套教材，在正式出版之前，已经连续在校内七届学生的教学中使用了，并根据教学过程中的反馈进行了多次修订和完善。

　　在现代社会中，电与我们的生活密切相关，不可或缺。从我们日常生活用到的小家电，到高楼大厦、轨道交通以及工业生产，都需要用到电工的基本知识。但是因为电是看不见的，教学中多数学生反映电工教材的内容抽象，较难理解，学习内容与实际工作脱节，教材中内容没能反映电工科技发展。尤其对于职业院校的学生，注重的就是动手能力，对于某些教材中复杂的理论计算不但不知所措，也往往不感兴趣。

　　根据以上实际情况，编者经过多年的教学总结，结合高职学生的特点编写了本书。本书注重实用，突出重点，减少了复杂的理论推导和计算等内容，结合学生就业的情况，增加了一些符合市场需求的内容。本书特色如下：

　　1）对电工的基本概念、基本理论、基本定律和基本分析方法做了通俗的阐述，尽可能多地使用图形和照片，以增加教材的趣味性，希望学生通过看图就能够理解书中的内容。

　　2）将"电工学"与"电气测量"的基本内容融合在一起，编入了一些现在工程检测中常用的仪器仪表及其测量方法，学生可以边学边做，突出高职教学的特点，加深对理论知识的理解。

　　3）将复杂的计算过程简化，工作中常用的计算和公式，通过大量的实例、习题进行练习巩固，提高应用能力。

　　4）每章后面都有一个小结，将每章的主要内容和主要公式列于其中，便于学生复习、查阅。

　　本书考虑到与后续专业课的分工，不讨论综合性的用电知识和专用设备，只研究用电技术的一般规律和常用的电气元件、仪表、设备及基本电路。

　　本书各章节的编写人员分工如下：

　　第1章、第2章：杨红，郝英明、易丹。第3章：徐茜，郝英明、张磊。第4章、第5章、第7章：杨红。第6章、附录：徐茜、欧松。第8章：郝英明、李志斌。杨红负责统稿。

　　本书从确定选题、编写、教学试用和出版经历了漫长的八年时间，在此过程中，深圳职业技术学院的白广新、常江等几位老师以及机械工业出版社的于宁、曹雪伟等编辑给予了许多建设性的意见和真诚的指导，在此深表感谢！

　　同时要感谢过去七年和将来使用这本教材的老师和同学，你们的体会和意见，会让这本教材更加完美。

编　者

目 录

第1章
电路的基本概念和基本定律

"电"究竟是什么？很难抓住这一问题的实质。但电的各种作用可用电流和电压来说明。

本章先从身边的手电筒着手，追究一下电流的路径和它的源。为了表示电流的路径，就必须使用电路。电流是在电压作用下产生的。电流和电压虽然不能直接用肉眼看，但是可以用电流表和电压表来测量。电压和电流的关系由欧姆定律表达，欧姆定律在电路计算方面是很重要的基本定律。

1.1 电路的组成与电路中的物理量

大家都使用过手电筒，装上电池，合上开关，手电筒就会亮。

现在我们把手电筒里与发光有关的部件取出来看一下。手电筒的内部结构如图 1-1 所示。

手电筒是由电池、灯泡、开关等部件组成的，这些部件组成了一个简单的电路，其中对发光起作用的主要部件的作用如表 1-1 所示。

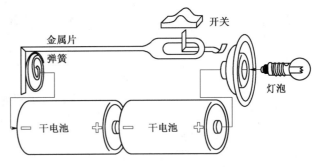

图 1-1　手电筒的内部结构

表 1-1　各主要部件的作用

部 件	作 用	类 比
电池	用于产生电流使灯泡发光的电源	水源
灯泡	负载，电流通过时发光	水车
金属片	用于连接灯泡和电池的电流通路	水管
开关	控制点亮和熄灭灯泡	阀门

为了研究各类具体电路，常忽略次要因素，只考虑主要部件构成的电路，这种电路称为实际电路的电路模型。

1.1.1 电流

电池和灯泡用导线连接，导线中间接入开关，合上手电筒的开关灯泡就发光，关断开关灯就熄灭。和水车靠水流而转动相同，灯泡点亮也是靠某种"流"的作用，这种流称为电流。灯泡之所以发光是由于电流通过的缘故，这种依靠电流通过而发光的作用称为**电流发光效应**。

电流根据其随时间的变化情况可以分为直流和交流。大小和方向不随时间而变化的电流称为**直流**，用大写字母 I 表示；大小和方向随时间而变化的电流称为**交流**，用小写字母 i 表示，其中电流的大小和时间按照正弦波的规律变化的电流称为正弦交流电。电流的单位为**安培（A）**。

用安培作为电流单位太大时，就用毫安（mA）或者微安（μA），它们之间的换算关系如下：

$$1A = 1000mA = 10^6 \mu A$$

手电筒灯泡中通有电流时发光，但是手电筒中不只是灯泡中有电流。电流从电池"＋"极（**阳极**）流出，经过灯泡、开关再回到电池"－"极（**阴极**），这样，从阳极流出的电流必定流回到阴极，如果中途导线或者开关断开，电流将不通。**电流的通路必定是转一圈的闭合环路**。因此，把电流流通的路径称为**电路**。电路由使电流流通的**电源**、使电流的作用转变成光和热等各种效应的**负载**、连接电源和负载的**导线**以及起调节负载作用的**调节器**组成，如图 1-2 所示。

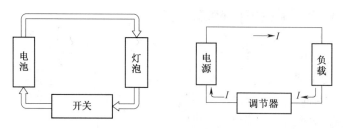

图 1-2   电路的组成

电路可以用电器的原型来表示，但是画起来太麻烦，所以使用图形符号（见表 1-2）来表示。通常图形符号要和文字符号结合在一起使用。

表 1-2   电路常用图形符号

名　　称	图　符　号
直流电源	$E \quad$ ⊣⊢ $\quad E$ ⊖ $\quad$ ⊖ I_s
交流电源	⊗～ u_s
灯	—⊗—
电阻	R
开关	—／—
电流表	—Ⓐ—
电压表	—Ⓥ—

1.1.2 电压

下面我们将电压问题和水压进行类比，如图1-3所示。水从高处流向低处，即两点间有水压时，水就流动。按照同样的思路来考虑电流，可以认为电流是在电气压力作用下产生的，这一压力就称为**电压**。电流从电压高的点流向电压低的点。因为电流靠电压作用，所以电压为零时没有电流。

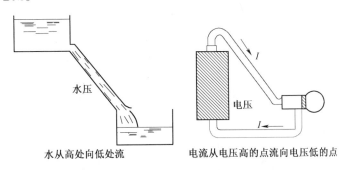

水从高处向低处流　　　　　　电流从电压高的点流向电压低的点

图1-3　电压问题和水压进行类比

同样电压也有直流电压和交流电压之分。大小和方向不随时间而变化的电压称为**直流电压**，用大写字母 U 表示；大小和方向随时间而变化的电压称为**交流电压**，用小写字母 u 表示，其中电压的大小和时间按照正弦波的规律变化的电压称为正弦交流电压。电压的**单位为伏特（V）**（简称伏），用伏作为电压单位太大时，就用毫伏（mV）；用伏作为电压单位太小时，就用千伏（kV）。它们之间的换算关系如下：

$$1V = 1000mV$$

$$1V = 10^{-3}kV$$

1.1.3 电动势

如图1-4所示，为了使水从屋顶水箱一直流向各家各户，需要用水泵将下面的水打到屋顶水箱。同样，在电路中使电流能够持续循环流动的是电源。电源有持续产生电压的能力，电源内部产生的电压称为**电动势E**。单位也为伏特（V）。有时电源的电动势也用电源的端电压来表示。

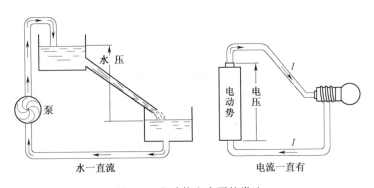

水一直流　　　　　　　　　电流一直有

图1-4　电动势和水泵的类比

1.1.4 电位

如图 1-5 所示，将测量点距基准点水的高度称为水位，两点间水位的差称为水位差。类似的情况，先选取电路的基准点（或称参考点），电路中各点相对于参考点的电压就称为电位，用大写字母 V 表示，单位也为伏特（V）。

【例 1.1】 如图 1-5b 所示，将三个具有 1.5V 电动势的电池叠加起来，问 a、b、c 各点的电位各为多少伏？

解： 先设定一个基准点（参考点），取该点为 0V（一般以大地为 0V），各点对基准点的电压称为电位。

因此，a、b、c 各点的电位分别为

a 点：1.5V　b 点：3.0V　c 点：4.5V

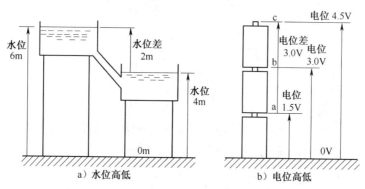

a）水位高低　　　　　　b）电位高低

图 1-5　电位和电位差与水位和水位差的类比

电位是对基准点的电压，任意两点间电位的差值称为**电位差**，也就是两点间的**电压**。**取大地为基准点时**，电位为

a 点：$V_a = 1.5V$　b 点：$V_b = 3V$　c 点：$V_c = 4.5V$

ab 两点间的电压为　　　　　　　　$1.5V - 3V = -1.5V$

bc 两点间的电压为　　　　　　　　$3V - 4.5V = -1.5V$

如果选取 b 点为基准点，则 a、b、c 各点的电位分别为

a 点：$V_a = -1.5V$　b 点：$V_b = 0V$　c 点：$V_c = 1.5V$

ab 两点间的电压为　　　　　　　$U_{ab} = -1.5V - 0V = -1.5V$

bc 两点间的电压为　　　　　　　$U_{bc} = 0V - 1.5V = -1.5V$

人家知道这时图中大地的电位是多少吗？

从上面的例子可以看出：

1）当基准点（参考点）改变时，各点电位值跟着改变，而两点之间的电压值是不变的。因此，**电位值是相对的，电压值是绝对的**。

2）两点间的电压等于两点电位的差，即

$$U_{ab} = V_a - V_b \tag{1-1}$$

1.2　电流和电压的方向

在单回路的直流电路中，如果知道电池的电动势的方向，那么很容易看出电路中电流流动的方向。电流的方向是客观存在的，它总是从电位高的地方流向电位低的地方。但是，在分析两个及以上回路的复杂电路时，却很难立即判断出电流在整个回路中的流动方向。

因此，在分析与计算复杂的电路时，常常**先任意选定某一方向作为电流的参考方向**，所选的参考方向并不一定与实际电流的方向相同。经过计算，如果电流的数值为正值，则说明选定的参考方向与电流的**实际方向一致**；如果计算的电流数值为负值，则选定的参考方向与电流的实际方向相反。

电流方向有两种表示方法：双下标法（如 I_{ab}）和箭头法，如图 1-6 所示，通常用箭头法比较直观。

图 1-6   电流方向表示法

电压的实际方向规定为由高电位点指向低电位点。同样，电压也可以任意选定其**参考方向**，一般来说，在电路中，先选定电流的参考方向，然后将**电压的参考方向和电流的参考方向选取成一致**，这称为**关联参考方向**。

电压方向也有两种表示方法：**双下标法和双极性法**，如图 1-7 所示。通常用双极性法比较直观。

图 1-7   电压方向表示法

1.3   电流和电压的测量方法

测量分为**直接测量和间接测量**。用指示仪表或数字仪表进行直接测量电压或电流等电量称为直接测量。使用合适的准确度等级，并运用正确的测量方法，可以使直接测量的结果的误差达到最小。间接测量是通过仪表测量出电流、电压等电量，再通过计算得到结果；或者是通过中间量的测量再得到测量结果。

测量时都要用到电工仪表，电工仪表按大类分为模拟指示类仪表、数字仪表和比较仪器等。用电磁原理测量各种电磁量的仪器仪表称为**电测量仪表**。电工仪表不仅可以测量电磁量，而且可以测量非电磁量，例如温度、压力和速度等。

（1）**模拟指示仪表**   它是将被测电磁量转换为可动部分的角位移，然后根据可动部分的指针在标尺上的位置直接读出被测量的数值。测量读数也可能用液晶显示或数字转盘等进行。模拟指示仪表按不同方法分类：

1）按被测对象分：可分为交直流电压表、电流表、功率表、频率表、相位表、电能表以及各种参数测量仪。

2）按工作原理分：可分为磁电系、电磁系、电动系、感应系和静电系等。

3）按防护性能分：可分为普通、防尘、防溅、防水、隔爆、水密、气密以及防御电磁影响等。

4）按读数装置分：可分为指针式、光指示式、振簧式和数字转盘等。

5）按使用方式分：可分为固定安装式、可携式等。

6）按准确度等级分：可分为 0.1、0.2、0.5、1.0、1.5、2.5、5.0 七个等级。

（2）**数字仪表**   它是将被测量转换成数字量，并以数字形式显示出被测量的数值。由于采用数字技术，因此很容易与微处理器配合，能实现自动选择量程，自动存储测量结果，自动进行数据处理及自动补偿等功能。**数字式仪表不需要进行读数换算，可以直接读出数值**，使用方便，但是不易看出变化趋势。目前大多使用数字仪表。

（3）比较仪器　用比较法测量得到测量结果，测量准确度比较高。如交直流电桥、检流仪等。

常用电工仪表外形如图1-8所示。

图1-8　常用电工仪表外形图

1.3.1　电流的测量

根据灯泡的亮度在一定程度上可知道通过灯泡的电流的大小，电流太大时会烧坏灯泡，太小时灯泡不亮。为了确切测量电流的大小，一般使用**电流表**直接测量。测量直流电流使用直流电流表，测量交流电流使用交流电流表。

用电流表测量电路中的电流时，要断开被测电路的测量处，把电流表串联接入电路，如图1-9所示。按照这样连接电流表时，电路中的电流将原封不动地通过电流表，这种接线方法称为**串联连接**。

测量电流时需要考虑电流的方向，接线前，先选择电流表的种类和量程，然后按照**电流流入红色表笔（＋接线柱）、流出黑色表笔（－接线柱）**的原则进行连接。

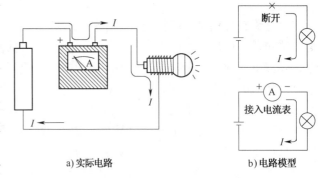

a) 实际电路　　　　　b) 电路模型

图1-9　电流表连接方法

1.3.2　电压的测量

为了准确测量两点间的电压，需要使用电压表。同样，测量直流电压使用直流电压表，测量交流电压使用交流电压表。电压表和电流表的外形有些相似，但是电流表的表盘上标有符号"A"，而电压表的表盘上标有符号"V"。

用电压表测量电压时，不需要像接电流表那样断开被测电路。测量两点间的电压时，只需要把电压表的红色表笔（＋接线柱）接到待测电压的正端、黑色表笔（－接线柱）接到待测电压的负端，如图1-10所示，这种连接方法称为与被测电路**并联连接**。

同样，在测量前，要先选择电压表的种类和量程。

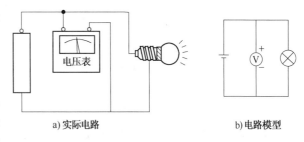

1.3.3 测量误差

工程上的任何测量都将不可避免地产生误差。在误差理论中，准确度用来表征系统误差的大小程度。系统误差愈大，准确度就愈低；精密度用来表征偶然误差的大小，测量的准确度较高，不一定精密度也高；精确度是指系统误差和偶然误差的综合结果，如精确度很高，则指系统误差和偶然误差均很小。下面主要讨论测量误差。

图 1-10 电压表的连接方法

测量误差有三种表示方法：

1. 绝对误差

用测量值 A_x 与被测量真值 A_0 之间的差值所表示的误差称为绝对误差 Δ。

$$\Delta = A_x - A_0 \tag{1-2}$$

绝对误差的单位与被测量的单位相同，误差可能为正，也可能为负，例如测量 10V 电压，实测两次，一次为 10.02V，另一次为 9.99V，则第一次的绝对误差为 $10.02V - 10V = +0.02V$，第二次的绝对误差为 $9.99V - 10V = -0.01V$。

2. 相对误差

绝对误差 Δ 与被测量真值 A_0 之比，称为相对误差，即

$$\gamma = \frac{\Delta}{A_0} \times 100\% \tag{1-3}$$

绝对误差比较直观，相对误差则可以确切地衡量误差对测量结果造成的影响，即相对误差更加确切地反映测量结果的准确程度。

【例 1.2】 用一电压表测量 200V 的电压，其绝对误差为 +1V，用另一电压表测量 20V 时，绝对误差为 +0.5V，求它们的相对误差。

解：
$$\gamma_1 = \frac{\Delta}{A_{x1}}100\% = \frac{1}{200} \times 100\% = +0.5\%$$

$$\gamma_2 = \frac{\Delta}{A_{x2}}100\% = \frac{0.5}{20} \times 100\% = +2.5\%$$

测量 200V 时的绝对误差 1V 比测量 20V 时的 0.5V 大，但是其相对误差（ +0.5% < +2.5% ）反而小，说明测量结果的准确程度要用相对误差表示才能更确切地反映其准确性。

【例 1.3】 用电压表测量实际值为 220V 的电压，其测量相对误差为 −4%，试求测量的绝对误差和电压表读数。

解：
$$\gamma = \frac{\Delta}{A_0} \times 100\% \rightarrow \Delta = \gamma \times A_0 = -4\% \times 220V = -8.8V$$

$$A_x = A_0 + \Delta = 220V - 8.8V = 211.2V$$

已知实际值和测量的相对误差，即可求出绝对误差，用实际值加上绝对误差就是仪表的测量值。

3. 引用误差

以绝对误差 Δ 与仪表上限 A_m 的比值表示的误差称为引用误差，用 γ_n 表示：

$$\gamma_n = \frac{\Delta}{A_m} \times 100\% \tag{1-4}$$

由于仪表在不同刻度点的绝对误差略有不同，因此取可能出现的最大绝对误差 Δ_m 与仪表的上量限（满刻度值）A_m 之比称为最大引用误差，即

$$\gamma_m = \frac{\Delta_m}{A_m} \times 100\% \tag{1-5}$$

【例1.4】 测量95V的电压，实验室有0.5级0～300V量程和1.0级0～100V量程两块仪表，为能使测量尽可能准确，应选用哪一块仪表？

解：用0.5级0～300V量程的仪表测试：$\Delta_1 = 0.5\% \times 300V = 1.5V$

$$\gamma_1 = \frac{1.5}{95} \times 100\% = 1.6\%$$

用1.0级0～100V量程的仪表测试：$\Delta_2 = 1.0\% \times 100V = 1.0V$

$$\gamma_2 = \frac{1.0}{95} \times 100\% = 1.05\%$$

因为 $\gamma_2 \leqslant \gamma_1$，所以选用1.0级0～100V量程仪表更为准确。

仪表的准确度与仪表本身结构有关，测量时相对误差随被测量的减小而逐渐增大，所以相对误差可以说明测量结果的准确度，但是不能说明仪表本身的优劣。最大引用误差中的量均为仪表本身所决定，所以用最大引用误差来评价仪表性能或者准确度是完全可以的。

1.4 电阻和欧姆定律

1826年，欧姆在试验中发现，在相同的电压作用下，并不是所有的物质都能通过相同的电流。有些物质通过的电流比其他物质要大些，比如：金属比木头更容易导电。用来表征物体导电能力的物理量称为**电阻**，用大写字母 **R** 表示，单位为欧姆（Ω），电阻大时用千欧（kΩ）、兆欧（MΩ），它们之间的换算关系为

$$1M\Omega = 1000k\Omega = 10^6 \Omega$$

导电能力强的物体电阻小，导电能力差的物体电阻大。那么，电阻、电压和电流之间到底具有一个什么样的关系呢？下面先来做一个实验。

给灯泡或者其他负载加上电压后，电路中产生电流，为了精确了解电压和电流的变化，在电路中串联一个直流电流表、并联一个直流电压表，如图 1-11a 所示。

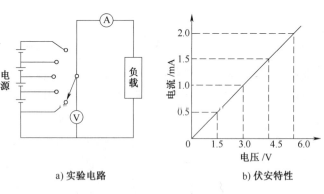

a) 实验电路   b) 伏安特性

图 1-11 欧姆定律

假设负载保持不变，加在负载上的电压从0开始，每次升高1.5V，测得的电流如表1-3所示。

表 1-3 欧姆定律的实验结果

电压 U/V	0	1.5	3.0	4.5	6.0
电流 I/mA	0	0.5	1.0	1.5	2.0
$U/I = R$/kΩ	——	3	3	3	3

实验结果表明：在负载不变的情况下，电压增至 2 倍，电流也增至 2 倍；电压增至 3 倍，电流也增至 3 倍；依此类推，**当电阻不变时，电流与电压成正比**。这就是电路中最重要的定律——**欧姆定律**。可用数学表达式表示为

$$I = \frac{U}{R} \qquad \text{或} \qquad U = IR \tag{1-6}$$

将实验数据用曲线图表示，就得到图 1-11b 中的直线，称为电阻的**伏安特性曲线**。

如果电路中电压和电流选择的参考方向不同，在欧姆定律的表达式中将会有正、负号之分：

电压的参考方向与电流的一致时 $U = IR$ 如图 1-12a 所示	电压的参考方向与电流的相反时 $U = -IR$ 如图 1-12b、c 所示

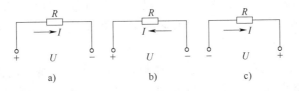

图 1-12 欧姆定律

【例 1.5】 已知 $R = 3\Omega$，应用欧姆定律对图 1-13 所示各电路分别列出式子，并求电流 I。

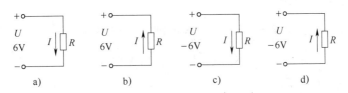

图 1-13 例 1.5 的电路

解：图 1-13a：
$$I = \frac{U}{R} = \frac{6V}{3\Omega} = 2A$$

图 1-13b：
$$I = -\frac{U}{R} = -\frac{6V}{3\Omega} = -2A$$

图 1-13c：
$$I = \frac{U}{R} = \frac{-6V}{3\Omega} = -2A$$

图 1-13d：
$$I = -\frac{U}{R} = -\frac{-6V}{3\Omega} = 2A$$

【**例1.6**】 计算图 1-14 所示电路在开关 S 闭合与断开两种情况下的电压 U_{ab} 和 U_{cd}。

解：开关 S 闭合时，电路形成闭合回路，在电源的作用下将有电流流过。我们**先选定电流的参考方向**，并在电路图上画出。

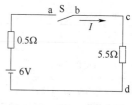

图 1-14　例 1.6 的电路

由于开关的电阻很小，可以忽略不计，则　　　$R_{ab} \approx 0$

电路的总电阻为

$$R = 0.5\Omega + 0\Omega + 5.5\Omega = 6\Omega$$

选定电压的方向与电流的方向一致，根据欧姆定律，电路中的电流 I 为

$$I = \frac{U}{R} = \frac{6V}{6\Omega} = 1A$$

$$U_{ab} = IR_{ab} = 0V \qquad U_{cd} = IR_{cd} = 1A \times 5.5\Omega = 5.5V$$

当开关 S 断开时，电路断开，这时电路处于开路状态，没有电流通过，电阻上的电压为 0。

$$U_{ab} = E = 6V \qquad U_{cd} = IR_{cd} = 0A \times 5.5\Omega = 0V$$

如果用导线将图 1-14 所示电路中的 a、d 两点连接起来，由于导线的电阻很小，可以忽略不计，这时 5.5Ω 的电阻就处于**短路状态**，没有电流通过。

实际的电源工作时都会发热，这就表明电源其实有电阻存在，称为**电源的内阻**，可以表示为电动势和内阻串联，如图 1-14 所示，可将 0.5Ω 的电阻看成 6V 电源的内阻。这时如果 a、d 两点用导线连接起来，**电源就处于短路状态**，发出的电流最大，称为**短路电流**。

电源短路会产生严重后果，很大的短路电流容易烧坏线路或设备的绝缘，引起火灾等事故。通常在电路中接入熔断器或断路器，发生短路时，能迅速地自动切断故障电路。

【**例1.7**】 用图 1-15 所示的直流电源、电表及电阻，构成测量流入电阻的电流以及电阻两端电压的电路图，并适当选择仪表的量程。

解：计算出电流的大小为

$$I = \frac{U}{R} = \frac{3V}{2000\Omega} = 0.0015A = 1.5mA$$

所以，选择电压表量程为 5V、电流表量程为 3mA 比较合适。

测量电路图如图 1-16 所示。

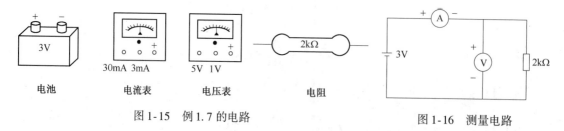

图 1-15　例 1.7 的电路　　　　　　　　　　图 1-16　测量电路

【**例1.8**】 在图 1-17 中，求出闭合开关 S 时的电流 I，然后求出开关 S 打开时的电流大小。

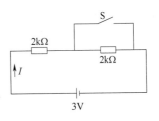

图 1-17 例 1.8 的电路

解：开关 S 闭合时，一个电阻 2kΩ 处于短路状态，开关 S 打开后，电阻是 S 闭合时的 2 倍。

根据图中给定的电源及电流的参考方向，闭合开关 S 时：

$$I = \frac{U}{R} = \frac{3V}{2000\Omega} = 0.0015A = 1.5mA$$

打开开关 S 时：

$$I = \frac{U}{R} = \frac{3V}{2 \times 2000\Omega} = 0.00075A = 0.75mA$$

1.5 常用元件及电阻的测量方法

除电源之外，电路中常用的元件有电阻性元件、电容性元件和电感性元件三种。

1.5.1 电阻元件

任何物质都有电阻。相同材料制成的电阻，粗导线比细导线的电阻小，短导线比长导线的电阻小。

1. 电阻的分类

电气设备在不同场合使用的电阻有很多种类，如图 1-18 所示，下面列举几种。

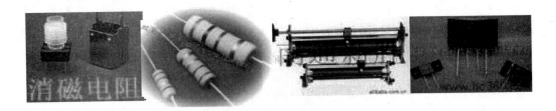

图 1-18 电阻图例

1）按电阻值是否可变分类：

固定电阻器：电阻值固定不变。

可变电阻器：电阻值可以变化。

2）按电阻材料分类：

金属类：以铬、镍等金属作为材料。

碳类：以碳及碳的化合物作为材料。

3）按电阻材料的形状分类：

线绕式：将电阻材料做成细线，绕在绝缘物上。

薄膜式：在瓷表面上制作一层电阻材料的薄膜。

合成式：微细碳粉末和酚醛树脂混合并成型。

2. 电阻的电阻值及允许误差的表示法

电阻上标有电阻值及其允许误差。大型的电阻用数字表示，小型的用颜色表示。用颜色表示的方法即为色环法，如表 1-4 所示。

表 1-4 电阻色环的读法

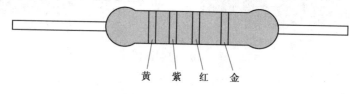

颜色	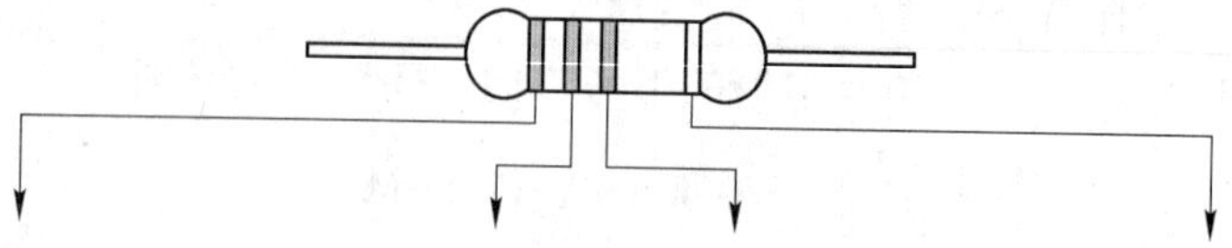 第 1 色环	第 2 色环	第 3 色环	第 4 色环
	第 1 位数	第 2 位数	倍乘数	允许误差
黑色	0	0	$10^0 = 1$	——
棕色	1	1	10^1	±1%
红色	2	2	10^2	±2%
橙色	3	3	10^3	
黄色	4	4	10^4	
绿色	5	5	10^5	±0.5%
蓝色	6	6	10^6	
紫色	7	7	10^7	
灰色	8	8	10^8	
白色	9	9	10^9	
金色	——	——	10^{-1}	±5%
银色	——	——	10^{-2}	±10%
本色	——	——	——	±20%

【例 1.9】 电阻上的色环如图 1-19 所示，请读出电阻值。

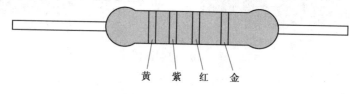

黄 紫 红 金

图 1-19 例 1.9 的图

解：第一色环：黄——4；第二色环：紫——7；第三色环：红——2，表示 10^2；第四色环：金—— ±5%

因此，$R = 47 \times 10^2 \Omega = 4.7 \mathrm{k}\Omega$，误差为 ±5%

练习：完成表 1-5。

表 1-5 电阻色环

电阻色环			电阻值
棕	黑	橙	
绿	蓝	红	
橙	白	黄	
橙	橙	黑	

（续）

电阻色环			电 阻 值
绿	蓝	黄	
红	红	棕	
橙	橙	橙	
			33000
			270000
			1000000
			150
			2700
			8200
			56

1.5.2 电容元件

电容是表征电介质的性能的物理量，用大写字母 C 表示。如果两个导体分别带有等量的正负电荷 q，两个导体间的电压为 u，则电介质的特性是用它的性能方程来表征的，即

$$q = Cu$$

只要导体间的电介质是线性的，q 与 u 成正比关系，其比例常数就是电容 C。既然电容 C 表征电介质的性能，所以它既和两导体间电介质的介电常数 ε 有关，也和电介质中电场的分布情况有关，因此也可以认为与导体的形状、大小、相互位置有关。由两个金属导体作为极板，中间隔以绝缘介质，就可以构成电容器。电容器有固定电容器（云母电容器、陶瓷电容器、塑料膜电容器、电解电容器、钽电容器等）和可变电容器。电容器主要起隔直通交、耦合、滤波、旁路和存储等作用。

电容的单位是法拉（F），简称法。在实际应用中，法（F）的单位太大，常用微法（μF）、皮法（pF）作为单位，它们之间的换算关系为

$$1\mathbf{F} = 10^6 \mathbf{\mu F} = 10^{12} \mathbf{pF}$$

电容器上一般使用数字或者文字数字标签，有时也用色环来标明电容器的电容值，如图 1-20 所示。电容器标签指明了各种参数，比如电容、额定电压和容差等。

图 1-20 电容器图例

1.5.3 电感元件

电感是衡量线圈产生电磁感应能力的物理量。给一个线圈通入电流，线圈周围就会产生磁场，线圈就有磁通量通过。通入线圈的电流越大，磁场就越强，通过线圈的磁通量就越大。实验证明，通过线圈的磁通量和通入的电流是成正比的，它们的比值称为自感系数，也称为**电感**，用大写字母 **L** 表示。如果通过线圈的磁通量用 Φ 表示，电流用 I 表示，电感用 L 表示，那么：

$$L = \Phi/I$$

电感具有绕线线圈阻碍电流变化的特性。电感的基础是电磁场：当电流流经导体时，在导体的周围将产生电磁场。具有电感特性的电子元件称为电感器（简称电感）或线圈。线圈匝数、磁心长度和磁心的横截面积是决定线圈电感值的因素。电感与线圈磁心的长度成反比，与磁心的横截面积成正比，并且电感和线圈匝数的平方成正比。以上各量关系为

$$L = N^2\mu A/l$$

式中，N 表示线圈的匝数；μ 是磁导率；A 是线圈的横截面积；l 表示线圈的长度。

电感器亦分为**固定电感器**和**可变电感器**。可变（可调）电感器通常具有螺旋形的调节器，它可以将滑式磁心移入或者移出，以此来改变电感值。电感器起滤波、扼流、调谐和振荡等作用。电感的单位是亨利（H），当电流流经线圈，电流变化率为 1A/s 时，且线圈端产生的感应电压为 1V 时，线圈的电感为 1H。

$$u = -e_L = L\frac{\mathrm{d}i}{\mathrm{d}t}$$

电感 L 的单位是亨利（H），实际使用中常用的单位是毫亨（mH）和微亨（μH），它们之间的换算关系为

$$1\mathrm{H} = 10^3\mathrm{mH} = 10^6\mu\mathrm{H}$$

电感器电感量的标示有**标记码**和**色码**两种方法，可以参考电阻表示方法。小型固定电感器常常封装入绝缘材料中，这样可以很好地保护线圈，外观上看上去像个小电阻。几种常见电感器如图 1-21 所示。

图 1-21　电感器图例

1.5.4 电阻的测量

测量电阻时，根据电阻值大小和测量准确度的要求，测量方法有很多种。本节主要介绍**欧姆表法**和**伏安法**。

1. 欧姆表法

能够简单直接地测出电阻值的方法是欧姆表法。欧姆表一般装在万用表中，其原理图如图 1-22 所示。

图中，电流表、电池和内部电阻 R 串联构成欧姆表。当正、负表笔短接时，指针指到最大值。当接入与 R 相同的电阻 R_x 时，电路中总阻值为 $2R$，电流将变为原来的 $\frac{1}{2}$，指针此刻应该指在刻度盘的中央。接上任意电阻 R_x 时，流过的电流为

$$I = \frac{U}{R + R_x} \tag{1-7}$$

电流值随着 R_x 的值而变，因此，将对应的电流标为 R_x 值的刻度，就可以直接读出被测电阻值。

2. 伏安法

这一方法是用电压表测量电阻两端电压，用电流表测量电阻中流过的电流，然后根据欧姆定律计算出电阻值。这是一种间接测量法。

电压表和电流表的接线方法有两种，如图 1-23 所示。

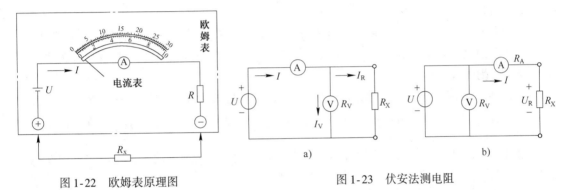

图 1-22 欧姆表原理图   图 1-23 伏安法测电阻

1) **图 1-23a 的情况**：因电压表中也流过一个很小的电流 I_V，电流表测量的电流 I 等于电阻 R_x 中的电流 I_R 与电压表电流 I_V 之和，即

$$I = I_R + I_V$$

假设电压表指示值为 U，电压表内阻为 R_V，则

$$I_R = I - I_V$$

$$R_X = \frac{U}{I_R} = \frac{U}{I - I_V}$$

因为 I_V 很小，$I \gg I_V$，可忽略不计，则

$$R_X \approx \frac{U}{I} \tag{1-8}$$

2) **图 1-23b 的情况**：电流表中存在内阻 R_A，R_A 上产生电压降，因此，电压表的测量值 U 等于电阻 R_x 上的电压 U_R 与电流表 R_A 上的电压 U_A 之和，即

$$U = U_R + U_A$$

$$R_X = \frac{U_R}{I} = \frac{U - U_A}{I} = \frac{U}{I} - R_A$$

因为 R_A 很小，可忽略不计，则

$$R_X \approx \frac{U}{I}$$

本 章 小 结

1. **电路常用物理量有**：电流、电压、电动势、电位。

2. **电路常用元件**：电阻、电容、电感。

3. **电压和电流是有方向的**，分为实际方向和参考方向，一般在分析计算时不去考虑它们的实际方向，只需要标出电流和电压的参考方向，然后根据参考方向计算出相应的物理量。

电流的方向可以用双下标法和箭头法表示，电压的方向可以用双下标法和双极性法表示。

4. **电压和电位的关系**：

两点间的电压等于两点电位的差，如：$U_{ab} = V_a - V_b$。

电压值是绝对的，而电位值是相对的。

5. **欧姆定律**：根据元件上的电压和电流的参考方向不同，欧姆定律的公式也有所不同。如果元件上的电压和电流的参考方向相同时，则 $U = IR$；如果元件上的电压和电流的参考方向相反时，则 $U = -IR$。

6. **电压、电流、电阻的测量方法**：测量分为直接测量和间接测量两种，测量误差分为绝对误差、相对误差和引用误差。其中，绝对误差 $\Delta = A_x - A_0$，相对误差 $\gamma = \dfrac{\Delta}{A_0} \times 100\%$。

测量电压、电流时要注意测量方向。用电流表测量电路中的电流时，电流表要串联在电路中；用电压表测量电压时，电压表要并联在电路中。

练 习 题

1. 在分析电路时，为什么要选择电压和电流的参考方向？

2. 电路开路时外电路电阻对于电源来说相当于什么？电路中电流为多少？

3. 电源短路时，外电路的电阻可视为怎样的情况？电路中电流为多少？为什么要防止电路发生短路？

4. 已知 $U_S = 12V$，$R_i = 1\Omega$、$R_1 = 4\Omega$，$R_2 = 5\Omega$，试求图 1-24 中的 U、U_1、U_2、I。

5. 什么是电流和电压的实际方向？什么是电流的参考方向？

6. 在图 1-25 所示电路中，已知 $E = 1.5V$，$R = 1450\Omega$，$r_0 = 50\Omega$。试求：电流为多少？电阻两端的电压为多少？

7. 什么是电路？什么是电路模型？

8. 电路如图 1-26 所示，以 "o" 点为参考点，已知 $V_a = 20V$，$V_b = 12V$，$V_c = 4V$，试求 U_{ab}、U_{bc}、U_{ac} 各为多少伏？

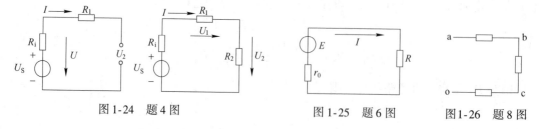

图 1-24 题 4 图   图 1-25 题 6 图   图 1-26 题 8 图

9. 测量直流电压、电流的仪表有极性要求吗？测量交流仪表有极性要求吗？

10. 电路及其对应的欧姆定律表达式分别如图 1-27a、b、c 所示，其中表达式正确的是哪个？

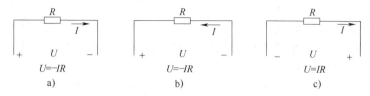

图 1-27　题 10 的图

11. 给电熨斗加上 100V 的电压，假设电熨斗的电阻值是 25Ω，通过的电流是多少？

12. 给面包炉加上 100V 的电压，有 4A 的电流流过，这时面包炉的电阻是多少？

13. 如果将电热器接入 100V 的电源，有 5A 的电流通过，那么将这一电热器接入 120V 的电源时，有多少安培的电流流过？

14. 将电热丝接入 100V 的电源时，有 5A 的电流通过，如果将电热丝缩短 20%，电流将增减多少？

15. 对于电阻 R_1 和 R_2 分别加相同的电压，如果流入 R_1 的电流是 R_2 的 4 倍，问 R_1 的电阻值是 R_2 的几倍？

16. 在图 1-28a 所示的电路中，电压从 0V 到 60V 连续变化，电流如图 1-28b 所示进行相应变化。试回答如下问题：

（1）求出电压为 20V 时的电流大小；

（2）求出 R_1 的电阻值；

（3）求出当有 3A 电流通过时的电源电压。

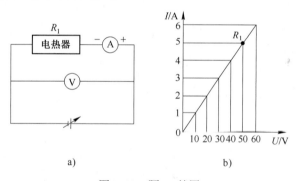

图 1-28　题 16 的图

17. 计算图 1-29 中的电流或者电压。

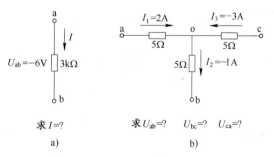

图 1-29　题 17 的图

18. 假定 U、I 的参考方向如图 1-30 所示，若 $I = -3A$，$E = 2V$，$R = 1\Omega$，试求 U_{ab} 的值。

19. 如果从某电池中输出 2A 的电流，电池的端电压为 1.5V，而输出 4A 的电流，电池的端电压就变为 0.8V。试问此电池的电动势和内部电阻是多少？

20. 如果将电动势 1.5V、内阻为 0.3Ω 的 10 个电池并联起来，通过 2Ω 负载电阻中的电流是多少？

21. 将 $R = 100\Omega$ 的电阻与内阻为 3Ω、电压为 50V 的电池相连，试回答以下问题：（1）电路中的电流是多少？（2）电阻 R 的端电压是多少？

22. 如图 1-31 所示，将小灯泡与电动势为 2V 的电池相连，电路中有 250mA 的电流通过，ab 间的电压为 1.9V。试求小灯泡的电阻 R 以及电池的内阻 r 是多少？

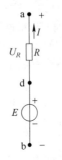

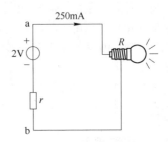

图 1-30　题 18 的图　　　　　图 1-31　题 22 的图

第 2 章

直流电路的连接方法及分析

以直流电源作为电源的电路称为直流电路。由于在直流电路中电容元件相当于开路，电感元件相当于短路，因此，作为直流电路的电路元件只考虑电阻就可以了。电阻有各种连接情况，本章将计算各种连接情况时电阻中的电流和电压。

2.1 电阻的连接方法

把两个电阻连接起来通常有两种方法，一种是连成一线的**串联**，如图 2-1a 所示，另一种是图 2-1b 所示的**并联**。这两种连接方法是把多个电阻进行各种连接时的基本连接方法。

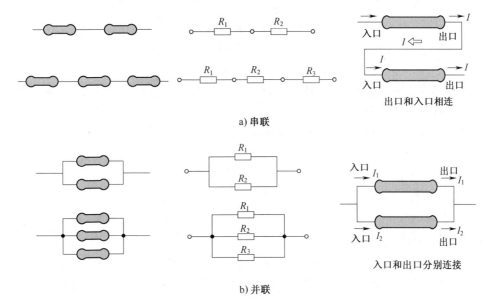

a) 串联

b) 并联

图 2-1　电阻的连接方法

串联是一个电阻的电流出口与另一个电阻的电流入口相连接的方法，因此，**两个电阻中流过的电流相同**。

并联是两个及以上电阻的电流入口与入口、出口与出口相连在一起，这时**每个电阻上所加的电压相同**。

2.1.1 电阻的串联

如图 2-2 所示，两个相同的灯泡串联时，其亮度比只用一个灯泡时暗。灯泡变暗是因为电流减小引起的，由欧姆定律可知，电源电压相同时，如果电流减小，就说明电阻变大了。

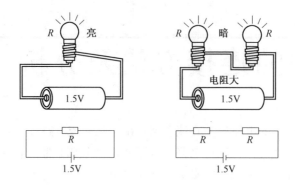

图 2-2　灯泡的串联

串联连接的电阻可以用一个等效电阻 R 来代替。**等效电阻值等于各个串联电阻值之和**，即

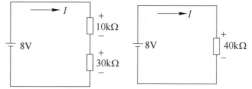

$$R = R_1 + R_2 + R_3 \tag{2-1}$$

【例 2.1】　现有 220Ω、470Ω 和 51Ω 的电阻相串联，试计算等效电阻值。

解：
$$R = R_1 + R_2 + R_3 = 220\Omega + 470\Omega + 51\Omega = 741\Omega$$

在计算串联电路的电流时，先计算等效电阻值，然后应用欧姆定律计算电路中的电流。同时，各个电阻上的电压也可以求出来了。

【例 2.2】　一个 $10k\Omega$ 和一个 $30k\Omega$ 的电阻串联接于 $8V$ 的电源上，如图 2-3 所示，试计算每个电阻上的电压。

解：先在图上标出电流的参考方向，以及每个电阻上电压的参考方向。

图 2-3　例 2.2 的图

两个电阻串联的等效电阻为

$$R = R_1 + R_2 = 10k\Omega + 30k\Omega = 40k\Omega$$

由于选择的电流和电压的参考方向一致，应用欧姆定律，电路中的电流为

$$I = \frac{U}{R} = \frac{8V}{40k\Omega} = 0.2mA$$

两个电阻上的电压为

$$U_{R1} = IR_1 = 0.2mA \times 10k\Omega = 2V$$

$$U_{R2} = IR_2 = 0.2mA \times 30k\Omega = 6V$$

可见，阻值小的电阻分得的电压小。因此，**串联电阻上电压的分配与电阻值成正比**。

特别对于两个电阻串联的电路，具有以下的分压作用：

$$U_1 = \frac{R_1}{R_1 + R_2}U \qquad U_2 = \frac{R_2}{R_1 + R_2}U \tag{2-2}$$

2.1.2 电阻的并联

如图 2-4 所示，两个相同的灯泡并联时灯泡亮度和只接一个灯泡时亮度相同，这说明两个灯泡中流过的电流与一个灯泡时流过的电流相同。但是两个相同的灯泡并联时电路中的总电流却增加了一倍，所以，并联时总电阻减为 $\frac{1}{2}$。

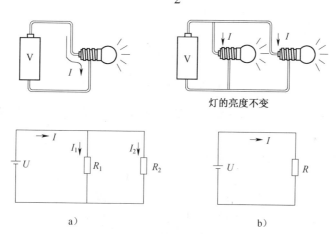

图 2-4　灯泡的并联

并联的电阻也可用一个等效电阻 R 来代替，并且并联后的总电阻值总小于每个并联电阻值。可用下列公式表示：

两个电阻并联：
$$R = \cfrac{1}{\cfrac{1}{R_1} + \cfrac{1}{R_2}} = \frac{R_1 R_2}{R_1 + R_2} \tag{2-3}$$

三个电阻并联：
$$R = \cfrac{1}{\cfrac{1}{R_1} + \cfrac{1}{R_2} + \cfrac{1}{R_3}} \tag{2-4}$$

n 个电阻并联：
$$R = \cfrac{1}{\cfrac{1}{R_1} + \cfrac{1}{R_2} + \cdots + \cfrac{1}{R_n}} \tag{2-5}$$

【例 2.3】　一个 220Ω 和一个 330Ω 的电阻并联，求其等效电阻值。

解：
$$R = \frac{R_1 R_2}{R_1 + R_2} = \frac{220\Omega \times 330\Omega}{220\Omega + 330\Omega} = 132\Omega$$

【例 2.4】　有三个阻值分别为 2Ω、3Ω、4Ω 的电阻并联在一起，试求其总阻值。

解：
$$R = \cfrac{1}{\cfrac{1}{R_1} + \cfrac{1}{R_2} + \cfrac{1}{R_3}} = \cfrac{1}{\cfrac{1}{2} + \cfrac{1}{3} + \cfrac{1}{4}}\Omega = \cfrac{1}{\cfrac{6}{12} + \cfrac{4}{12} + \cfrac{3}{12}}\Omega$$
$$= \frac{12}{13}\Omega = 0.923\Omega$$

求并联电路中的电流时，可先求出等效电阻值，然后根据欧姆定律，求出电路中的总电流。也可以先求出各个并联电阻中的电流，然后相加，即得电路中的总电流。

【例2.5】 电路如图2-5所示，$R_1 = 10\text{k}\Omega$，$R_2 = 30\text{k}\Omega$，试求两个电阻中流过的电流。

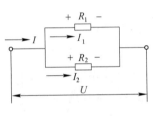

解： 首先在电路图中标出电流和电压的参考方向。

等效电阻：$\quad R = \dfrac{R_1 R_2}{R_1 + R_2} = \dfrac{10\text{k}\Omega \times 30\text{k}\Omega}{10\text{k}\Omega + 30\text{k}\Omega} = 7.5\text{k}\Omega$

图2-5　例2.5的图

总电流：$\quad I = \dfrac{U}{R} = \dfrac{8\text{V}}{7.5\text{k}\Omega} = 1.067\text{mA}$

R_1 中的电流：$\quad I_1 = \dfrac{U}{R_1} = \dfrac{8\text{V}}{10\text{k}\Omega} = 0.8\text{mA}$

R_2 中的电流：$\quad I_2 = \dfrac{U}{R_2} = \dfrac{8\text{V}}{30\text{k}\Omega} = 0.267\text{mA}$

可见，两个电阻并联，电阻值大的流过的电流小，即**并联电路中电阻流过的电流与电阻值成反比**。

特别对于两个电阻并联的电路，具有以下的分流作用：

$$I_1 = \frac{R_2}{R_1 + R_2} I \qquad I_2 = \frac{R_1}{R_1 + R_2} I \tag{2-6}$$

【例2.6】 已知 R_1 和 R_2 并联后的总电阻为 6Ω，欲将 10A 的电流分流成 6A 和 4A，如图2-6所示，问 R_1、R_2 该为多少欧？

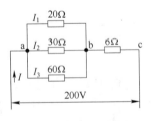

解：
$$U = IR = 10\text{A} \times 6\Omega = 60\text{V}$$

$$R_1 = \frac{U}{I_1} = \frac{60\text{V}}{6\text{A}} = 10\Omega$$

$$R_2 = \frac{U}{I_2} = \frac{60\text{V}}{4\text{A}} = 15\Omega$$

图2-6　例2.6的图

2.1.3　串并联电路

串联电路和并联电路的组合称为**串并联电路**。

串并联电路的计算要从单纯的串联电路或并联电路开始计算，通过若干次串联或者并联等效电阻的计算，即可求得串并联电路的等效电阻。

【例2.7】 如图2-7所示，求出当 ac 间的电压为 200V 时电路的总电流，以及通过每个电阻的电流。

解： 等效电阻 R 为

$$R = R_{\text{ab}} + R_{\text{bc}} = \frac{20 \times 30 \times 60}{20 \times 30 + 30 \times 60 + 60 \times 20}\Omega + 6\Omega$$

$$= 10\Omega + 6\Omega = 16\Omega$$

根据欧姆定律，得出总电流为　$I = 200\text{V}/16\Omega = 12.5\text{A}$

ab 间的电压　$U_{\text{ab}} = IR_{\text{ab}} = 12.5\text{A} \times 10\Omega = 125\text{V}$

图2-7　例2.7的图

通过各电阻的电流为

$$I_1 = 125\text{V}/20\Omega = 6.25\text{A}$$

$$I_2 = 125\text{V}/30\Omega \approx 4.17\text{A}$$

$$I_3 = 125\text{V}/60\Omega \approx 2.08\text{A}$$

6Ω 电阻的电流与总电流相等为 12.5A。

【例 2.8】 已知：$R_1 = 5\Omega$，$R_2 = 6\Omega$，$R_3 = 7\Omega$，$R_4 = 8\Omega$，$U = 10\text{V}$，求图 2-8 所示电路各部分的电流和电压。

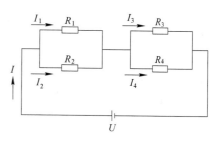

图 2-8 例 2.8 的图

解：（1）先计算 R_1 和 R_2、R_3 和 R_4 的等效电阻 R_{12}、R_{34}：

$$R_{12} = \frac{R_1 R_2}{R_1 + R_2} = \frac{5 \times 6}{5 + 6}\Omega = 2.727\Omega$$

$$R_{34} = \frac{R_3 R_4}{R_3 + R_4} = \frac{7 \times 8}{7 + 8}\Omega = 3.733\Omega$$

（2）计算总电流 I：

$$I = \frac{U}{R_{12} + R_{34}} = \frac{10\text{V}}{2.727\Omega + 3.733\Omega} = 1.548\text{A}$$

（3）计算电压 U_{12}、U_{34}：

$$U_{12} = IR_{12} = 1.548\text{A} \times 2.727\Omega = 4.22\text{V}$$

$$U_{34} = IR_{34} = 1.548\text{A} \times 3.733\Omega = 5.78\text{V}$$

（4）计算 I_1、I_2、I_3、I_4：

$$I_1 = \frac{U_{12}}{R_1} = \frac{4.22\text{V}}{5\Omega} = 0.844\text{A} \qquad I_2 = \frac{U_{12}}{R_2} = \frac{4.22\text{V}}{6\Omega} = 0.703\text{A}$$

$$I_3 = \frac{U_{34}}{R_3} = \frac{5.78\text{V}}{7\Omega} = 0.826\text{A} \qquad I_4 = \frac{U_{34}}{R_4} = \frac{5.78\text{V}}{8\Omega} = 0.723\text{A}$$

【例 2.9】 已知：$R_1 = 5\Omega$，$R_2 = 6\Omega$，$R_3 = 7\Omega$，$R_4 = 8\Omega$，$U = 10\text{V}$，求图 2-9 所示电路各部分的电流和电压。

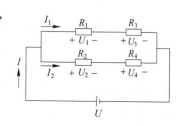

图 2-9 例 2.9 的图

解：（1）计算各部分的电流：

$$I_1 = \frac{U}{R_1 + R_3} = \frac{10\text{V}}{5\Omega + 7\Omega} = 0.833\text{A}$$

$$I_2 = \frac{U}{R_2 + R_4} = \frac{10\text{V}}{6\Omega + 8\Omega} = 0.714\text{A}$$

$$I = I_1 + I_2 = 0.833\text{A} + 0.714\text{A} = 1.547\text{A}$$

（2）计算各部分的电压：

$$U_1 = I_1 R_1 = 0.833\text{A} \times 5\Omega = 4.165\text{V}$$

$$U_2 = I_2 R_2 = 0.714\text{A} \times 6\Omega = 4.284\text{V}$$

$$U_3 = I_1 R_3 = 0.833\text{A} \times 7\Omega = 5.831\text{V}$$

$$U_4 = I_2 R_4 = 0.714\text{A} \times 8\Omega = 5.712\text{V}$$

2.1.4 惠斯顿电桥

由于 R_5 的跨接，图 2-10 所示电路既不是串联电路，也不是并联电路，称为电桥电路。

特例：当 $R_5 = \infty$ 时，电桥电路就成为图 2-11a 所示的形式；当 $R_5 = 0$ 时，就成为了图 2-11b 所示的形式。

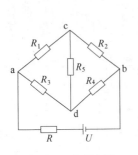

图 2-10　电桥电路

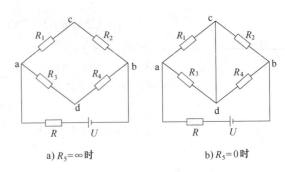

a) $R_5 = \infty$ 时　　　b) $R_5 = 0$ 时

图 2-11　电桥电路的特例

不管 R_5 的数值是否改变，只要使得 c、d 两点的电位相等，则 c、d 两点间的电压为零，即 $U_{cd} = 0$，这样即使两点相连也没有电流通过，这时的电路就如同图 2-11a 所示，这一状态称为**电桥平衡**。

这种电桥平衡的状态是可以通过调节 R_1、R_2、R_3、R_4 的阻值来实现的。在图 2-11a 所示电路中，由于 c、d 两点间没有电流通过，$I_{cd} = 0$，则 $I_{R1} = I_{R2} = I_1$，$I_{R3} = I_{R4} = I_2$，如图 2-12 所示。

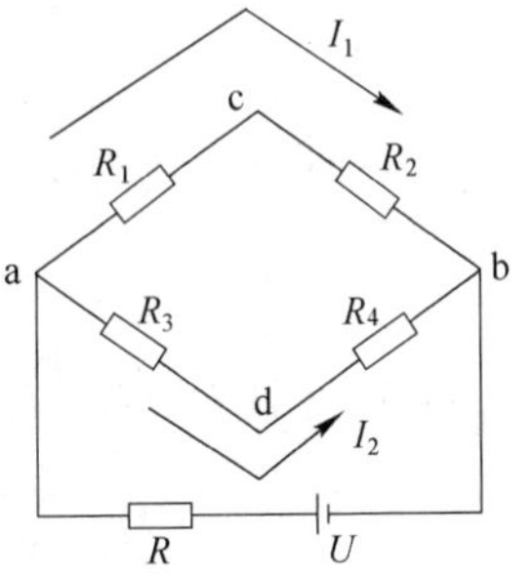

由于 c、d 点电位相等，则 R_1 和 R_3 上的电压相等，R_2 和 R_4 上的电压相等，则有

$$I_1 R_1 = I_2 R_3 \qquad I_1 R_2 = I_2 R_4$$

则有

$$\frac{I_1}{I_2} = \frac{R_3}{R_1} = \frac{R_4}{R_2}$$

图 2-12　电桥平衡

电桥平衡的条件是

$$R_1 R_4 = R_2 R_3 \tag{2-7}$$

利用电桥平衡的条件能够测量电阻，这是继欧姆表法、伏安法测电阻后的又一种测量电阻的方法。

将电桥电路中 c、d 两点间接上检流计 G，如图 2-13 所示，称为**惠斯顿电桥**。调节 R_4 的大小使得检流计的读数为零，这时 c、d 间的电位差为零，c、d 间无电流，电桥平衡，根据电桥平衡的条件，下式成立：

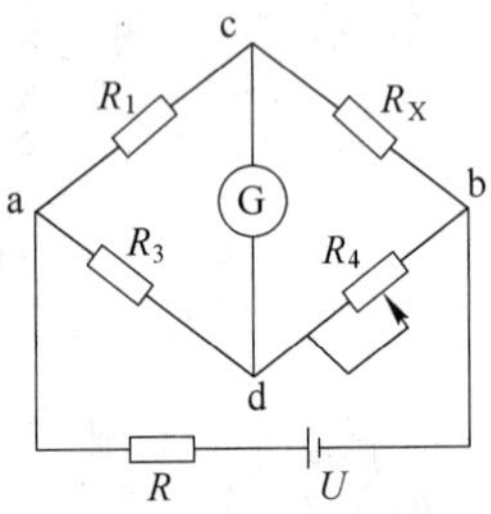

$$R_1 R_4 = R_X R_3$$

$$R_X = \frac{R_1 R_4}{R_3} = \frac{R_1}{R_3} R_4 \tag{2-8}$$

图 2-13　惠斯顿电桥

在实际测量中，通常将 R_1/R_3（也称为比例因子）的值定为 1、10、100 等整数值，调节 R_4 的值，就可以方便地计算出未知电阻 R_X 的值。

【例 2.10】　在图 2-13 所示的惠斯顿电桥电路中，$R_1 = 50\Omega$，$R_3 = 100\Omega$，假设电桥平衡时 R_4 调到 1205Ω，问 R_X 是多少？

解：电桥平衡时，可得

$$R_X = \frac{R_1}{R_3} R_4 = \frac{50\Omega}{100\Omega} \times 1205\Omega = 602.5\Omega$$

惠斯顿电桥电路可以精确地测量电阻值，应用较为广泛，它还可以和传感器一起使用，来测量张力、温度和压力等非电物理量的值。

2.2 电压表和电流表的量程扩大

我们知道，直流电压表用来测量直流电压，直流电流则使用直流电流表来测量。那么如何用小量程的电压表测量高电压，用小量程的电流表测量大电流呢？具体方法如图 2-14 所示。

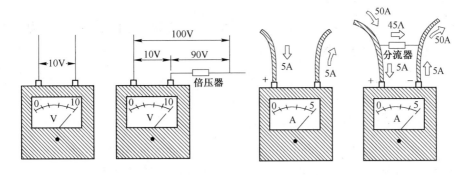

a) 用 10V 电压表测量 100V 电压   b) 用 5A 电流表测量 50A 电流

图 2-14 电压表、电流表的量程扩大的方法

2.2.1 电压表的量程扩大

为了扩大电压表的量程，需要在电压表外串接一个附加电阻 R_m，如图 2-15 所示。图中，电阻 R_m 称为**倍压器**，r_v 为电压表内阻。

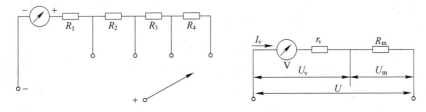

图 2-15 电压表扩大量程原理图

下面来分析一下电压表指示的电压 U_v 和总测量电压 U 之间的关系。由于电压表中流过的电流与倍压器 R_m 中的电流相同，根据串联电路的分压公式可得

$$U_m = \frac{R_m}{r_v}U_v \tag{2-9}$$

总电压 U 为

$$U = U_v + U_m = \left(1 + \frac{R_m}{r_v}\right)U_v = mU_v$$

$$m = \frac{U}{U_v} = 1 + \frac{R_m}{r_v} \tag{2-10}$$

即总电压 U 是电压表指示电压 U_v 的 m 倍，m 为倍压器的**倍率**。

【例2.11】 用3V的电压表测量100V的电压时，需要接多少欧的倍压器呢？已知电压表的内阻为10kΩ。

解：
$$m = \frac{100}{3} = 33.33$$
$$R_m = (m-1)r_v = (33.33-1) \times 10 \times 10^3 \Omega = 323.3k\Omega$$

2.2.2 电流表的量程扩大

类似地，为了扩大电流表的量程，需要在电流表外并接一个附加电阻 R_s，如图2-16所示。图中，电阻 R_s 称为**分流器**，r_a 为电流表内阻。

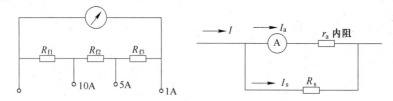

图2-16　电流表并联电阻扩大量程

图2-16中电流表并联接有分流器 R_s，则电流表 r_a 的压降等于 R_s 的压降，所以

$$I_a r_a = I_s R_s \qquad I_s = \frac{r_a}{R_s} I_a \tag{2-11}$$

总电流为

$$I = I_a + I_s = \left(1 + \frac{r_a}{R_s}\right) I_a = m I_a$$
$$m = \frac{I}{I_a} = 1 + \frac{r_a}{R_s} \tag{2-12}$$

【例2.12】 用10A的电流表测量100A的电流时（如图2-17所示），需要接多少欧的分流器呢？已知电流表的内阻为5Ω。

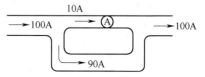

图2-17　例2.12的图

解：
$$m = \frac{100}{10} = 10$$
$$R_s = \frac{r_a}{m-1} = \frac{5\Omega}{10-1} = 0.556\Omega$$

2.3　基尔霍夫定律

分析和计算电路的基本定律，除了欧姆定律，还有基尔霍夫定律。欧姆定律可以计算电阻串并联电路，而**基尔霍夫定律是适合于任何电路的一般定律**。

基尔霍夫定律是由电流定律和电压定律两部分组成的，在求解复杂电路的电流和电压时，应用基尔霍夫电流定律和电压定律列出联立方程组，求解该方程组即可得出所需电流或者电压的值。

1. 基尔霍夫电流定律

基尔霍夫电流定律：在电路的任意节点上，流入电流的总和等于流出电流的总和。

【例 2.13】 电路如图 2-18 所示，试列出节点 a 的基尔霍夫电流方程。

解：根据图中标出的电流的参考方向，可知：I_2、I_4 为流出节点 a 的电流，I_1、I_3、I_5 为流进节点 a 的电流。由基尔霍夫电流定律，可知

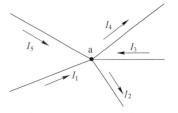

图 2-18 例 2.13 的图

$$I_1 + I_3 + I_5 = I_2 + I_4$$

注意：对于比较复杂的实际电路，在应用基尔霍夫电流定律之前，可能并不知道电流的实际方向，所以必须先假设各条支路电流的参考方向，如果计算出来的电流值为负值，那就意味着原先假设的电流方向与实际方向相反。

基尔霍夫电流定律通常应用于节点，也可以把它推广到包围部分电路的任一闭合面。

【例 2.14】 电路如图 2-19 所示，已知 $I_A = 8A$，$I_B = 5A$，试求：I_C 的值。

解：将 ABC 包围的闭合面作为一个大节点（广义节点），如图中点画线所示，根据图中电流的参考方向，可知：电流 I_A、I_B、I_C 都是进入节点的，流出节点的电流为 0，即

$$I_A + I_B + I_C = 0$$
$$I_C = -I_A - I_B = -8A - 5A = -13A$$

2. 基尔霍夫电压定律

基尔霍夫电压定律：在任意一个闭合回路中，电压上升的总和等于电压下降的总和。

在应用基尔霍夫电压定律之前，同样必须先假设各元件电压的参考方向，然后确定电路的绕行方向。如果计算出来的电压值为负值，那就意味着原先假设的电压方向与实际方向相反。

【例 2.15】 请列出图 2-20 所示电路中的电压方程。

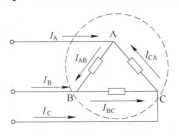

图 2-19 例 2.14 的图

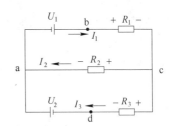

图 2-20 例 2.15 的图

解：（1）首先在电路图中标出电流和电压的参考方向。

（2）确定闭合回路数，见表 2-1：

表 2-1 例 2.15 的表

闭合回路	绕行方向	电压定律
abca	顺时针	$U_1 = I_1 R_1 + I_2 R_2$
acda	顺时针	$U_2 + I_2 R_2 = I_3 R_3$
abcda	顺时针	$U_1 + U_2 = I_1 R_1 + I_3 R_3$

3. 应用基尔霍夫定律计算复杂电路

应用基尔霍夫定律计算复杂电路的步骤如下：

1）假设电流的参考方向，在节点上列出电流方程。

2）沿着电流的方向标出电阻上电压的方向，规定闭合回路的绕行方向，列写电压方程。

3）求解1）和2）组成的联立方程组。**注意：**方程的数目必须和未知数的数目相同，否则求解不出来。

【例2.16】 在图2-20所示电路中，已知 $R_1 = 3\Omega$，$R_2 = 6\Omega$，$R_3 = 6\Omega$，$U_1 = 4V$，$U_2 = 14V$，试求：（1）电流 I_1、I_2、I_3；（2）若假设c点为参考点，求a、b、d点的电位。

解：（1）根据图中标出的电流、电压的参考方向，可得

电流方程： $$I_1 = I_2 + I_3$$

电压方程： $$U_1 = I_1 R_1 + I_2 R_2$$
$$U_2 + I_2 R_2 = I_3 R_3$$

将已知条件代入方程

$$I_1 = I_2 + I_3$$
$$4V = 3\Omega \times I_1 + 6\Omega \times I_2$$
$$14V = -6\Omega \times I_2 + 6\Omega \times I_3$$

解得

$$I_1 = 1.85A \qquad I_2 = -0.25A \qquad I_3 = 2.1A$$

（2）假设c点为参考点，即 $V_C = 0V$，则有

$$U_{ac} = -I_2 R_2 = 2.1V \qquad\qquad V_a = V_c + 2.1 = 2.1V$$
$$U_{bc} = V_b - V_c = I_1 R_1 = 5.6V \qquad\qquad V_b = 5.6V$$
$$U_{dc} = V_d - V_c = -I_3 R_3 = -12.6V \qquad\qquad V_d = -12.6V$$

注意：在应用基尔霍夫定律求解电路时，有时经常将电源省略不画，省略处标上电位值。

例如，可以将图2-21a所示的常规电路简化成图2-21b所示的简化电路。

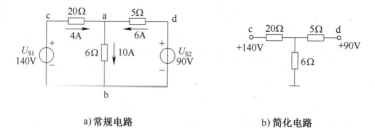

a)常规电路   b)简化电路

图2-21 电路的简化画法

【例2.17】 求图2-22所示电路各支路的电流。

解：先将简化图还原成图2-23所示，并标出电流的参考方向：

在节点a处运用第一定律：

$$I_1 + I_2 = I_3 \tag{1}$$

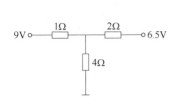

图 2-22　例 2.17 的图

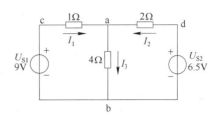

图 2-23　图 2-22 的还原图

在 bcab 回路中运用第二定律：

$$1\Omega \times I_1 + 4\Omega \times I_3 = 9V \tag{2}$$

在 bdab 回路中运用第二定律：

$$2\Omega \times I_2 + 4\Omega \times I_3 = 6.5V \tag{3}$$

将式（1）代入式（2）和式（3）可得

$$5\Omega \times I_1 + 4\Omega \times I_2 = 9V$$

$$4\Omega \times I_1 + 6\Omega \times I_2 = 6.5V$$

再消去 I_2，可以解得

$$I_1 = 2A \qquad I_2 = -0.25A$$

代入式（1）可得

$$I_3 = 1.75A$$

2.4　电源的两种模型

一个电源可以用两种不同的电源模型来表示。一种是用理想电压源与电阻串联的电路表示，称为电源的**电压源模型**；一种是用理想电流源与电阻并联的电路表示，称为电源的**电流源模型**。

2.4.1　电压源模型

一个电源可以是发电机、电池或各种信号源，它们都含有电动势 E（对外显示电压 U_S）和内阻 R_0。在分析和计算电路时，可以将它们分别加以考虑，例如电压源的电路在接入负载后的电路如图 2-24a 所示。

根据电路可以列出回路电压方程：$U = U_S - R_0 I$，根据该方程可以在坐标轴上画出电源端电压 U 和电路电流 I 的关系曲线，如图 2-24b 所示，该曲线称为**电压源的外特性曲线**。当外电路开路时电流 $I = 0$，此时 $U_0 = U_S$，为一条平行于电流轴线的理想

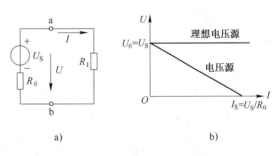

图 2-24　电源及特性曲线

直线；当外电路接入一定负载时，外电路的电压 U 将随电流的增大而逐渐地下降，呈现是一条向下倾斜的曲线。内阻愈小，向下倾斜的曲线愈平。当负载短路时，$U = 0$，$I = I_S = U_S/R_0$。当 $R_0 = 0$ 时，电压 $U = U_S$，恒等于电动势，而电流则是任意的，由负载电阻 R 和电压 U 来决定其大小。这样的电压源称为**理想的电压源**，外特性是一条与电流轴平行的直线。

理想电压源是理想的电源，如果一个电源的内阻远比负载电阻小，即 $R_0 \ll R_L$ 时，内阻上的压降 $R_0I \ll U$，于是 $U \approx E$，基本上是相等的，可以认为是理想电压源。通常使用的稳压电源可以看做是理想电压源。

2.4.2 电流源模型

电源除了用上述的电压源模型来表示外，还可以用另一种电流源模型来表示，即 I_s 与内阻 R_0 相并联的模型，如图 2-25 所示。

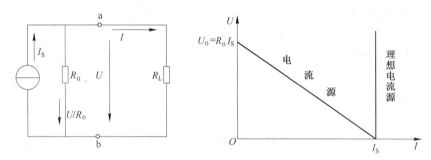

图 2-25 电流源及特性曲线

根据欧姆定律和基尔霍夫电流定律，可以列出 R_0 上的电流为

$$U/R_0 = I_s - I$$

根据该方程可以画出电源的**外特性曲线**。当外电路短路时电压 $U = 0$，此时 $I = I_s$，为一条平行于电压轴线的理想直线；当外电路接入一定负载时，外电路的电流 I 将随电压的增大而逐渐地倾斜，呈现出一条向电压轴线倾斜的曲线。内阻愈大，倾斜的曲线愈陡。当负载开路时，$I = 0$，$U = U_0 = R_0I_s$。当 $R_0 \to \infty$ 时，电流 $I = I_s$，恒等于电流源电流 I_s，而电源两端的电压则是任意的，由负载电阻 R_L 和电流 I_s 来决定其大小。这样的电流源称为**理想的电流源，外特性是一条与电流轴垂直的直线**。

理想电流源是理想的电源，如果一个电源的内阻远比负载电阻大，即 $R_0 \gg R_L$ 时，于是 $I \approx I_s$，基本上是相等的，可以认为是理想电流源。

2.4.3 等效变换

电压源与电流源的外特性是相同的，就是说两种电源的电路是等效的，因此两种电源可以等效变换。两种电源电路对外电路而言是等效的，但是对于内电路并不是等效的。当电压源开路时，$I = 0$，电源内阻 R_0 上是不消耗功率的；但是当电流源开路时，电源内部仍有电流，内阻 R_0 上仍有功率损耗。当电压源和电流源短路时也是一样，两者对外电路是等效的（$U = 0$，$I_s = E/R_0$），但是电路内部的功率损耗是不一样的，电压源有损耗而电流源无损耗。

将电动势为 E、内阻为 R_0 的电压源变换为电流为 I_s、内阻仍为 R_0 的电流源，如图 2-26 所示，即

$$I_s = E/R_0 \tag{2-13}$$

反之，将电流源中恒流为 I_s、内阻仍为 R_0 的电流源变换为电压源，如图 2-26 所示，即

$$E = I_sR_0 \tag{2-14}$$

只有实际的电压源与实际的电流源才可以进行等效的变换，**理想的电压源与理想的电流**

源之间是无法等效变换的。因为对理想电流源（$R_0 = \infty$）来讲，其开路电压 U_0 为无穷大；对理想电压源（$R_0 = 0$）来讲，其短路电流 I_S 为无穷大。由于都不能得到有限的数值，则两者之间是不存在等效变换的关系的。

【例 2.18】 试用电压源与电流源等效变换的方法对图 2-27 所示电路进行等效变换，并求 1Ω 电阻上的电流 I。

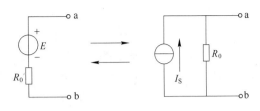

图 2-26　电压源与电流源的等效变换

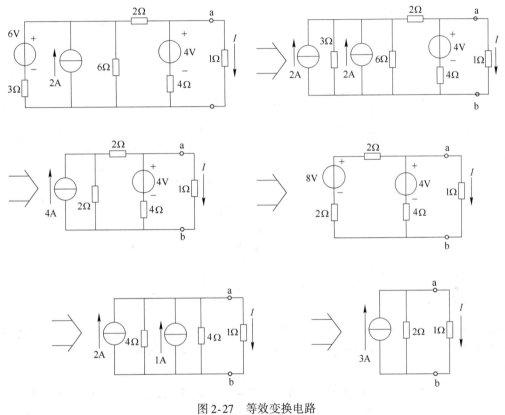

图 2-27　等效变换电路

$$I = \frac{2}{2+1} \times 3\mathbf{A} = 2\mathbf{A}$$

解：
在电压源与电流源的等效变换中要注意：电流源的电流方向要和电压源的极性相匹配。

2.5　功率

2.5.1　功率的计算

电流通过电阻时，除了产生电压降之外，还会产生热效应，这是将电阻中的电能转化成热能的结果。

在比较两个电阻的发热量时，不规定电流通过的时间就没有意义。通常规定时间为 1s，即在 1s 时间内，电阻消耗的电能值就是**功率**，用 P 表示，单位为**瓦特（W）**。功率大时用**千瓦（kW）**，功率小时用**毫瓦（mW）**。它们之间的换算关系为

$$1kW = 1000W \qquad 1W = 1000mW$$

功率 P 等于元件电压 U 和电流 I 的乘积，即

$$P = UI \tag{2-15}$$

【例 2.19】 在某负载上施加 100V 电压时，通过的电流为 5A，问该负载消耗的功率为多少？

解：
$$P = UI = 100V \times 5A = 500W$$

【例 2.20】 电路如图 2-28 所示，求 100V、60W 的灯泡中通过的电流是多少？

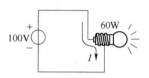

解：
$$I = \frac{P}{U} = \frac{60W}{100V} = 0.6A$$

功率的计算公式 $P = UI$ 经过欧姆定律转换后，可以有下列几种形式：

图 2-28　例 2.20 的图

$$\begin{cases} P = UI = I^2R = \dfrac{U^2}{R} \\[2mm] I = \dfrac{P}{U} = \sqrt{\dfrac{P}{R}} \\[2mm] U = \dfrac{P}{I} = \sqrt{PR} \end{cases} \tag{2-16}$$

2.5.2　额定值

各种电气设备在出厂时都有电压、电流或者功率的**额定值**，这是生产厂家为了使产品在**最优状态**下工作而规定的正常允许值。电压、电流或者功率的额定值分别用 U_N、I_N、P_N 表示。

电气设备的额定值通常标在铭牌上或者说明书里，在使用前需要仔细阅读。在使用电器的时候其电流、电压、功率千万不要超过电器的额定值。

例如：购买灯泡时，灯泡上会表明"220V 9W"的字样，这就是灯泡的额定值。同时也限定了通过灯泡的电流不允许超过：

$$I = \frac{P}{U} = \frac{9W}{220V} = 0.041A$$

【例 2.21】 有一个 0.5W 型的 200Ω 的线绕电阻，其通过的最大电流为多少？

解：
$$I = \sqrt{\frac{P}{R}} = \sqrt{\frac{0.5W}{200\Omega}} = \sqrt{\frac{1}{400}}A = 0.05A = 50mA$$

2.5.3　用电量的计算

由于功率表示 1s 时间内所消耗的电能，所以在一段时间内所消耗的电能就可以用功率 P 和时间 t 的乘积来表示，称为**用电量**，用大写字母 W 表示，单位为瓦秒（W·s），即焦耳

（J）。用电量的计算公式为

$$W = Pt = UIt = I^2Rt \tag{2-17}$$

在实际应用中，由于瓦秒的单位太小，所以通常用千瓦时（kW·h），即度（电）来作为用电量的单位：

$$1 度（电） = 1kW \cdot h = 3.6 \times 10^6 J$$

【例 2.22】 有一功率为 60W 的电灯，每天照明 4h，如果平均每月按 30d 计算，问这个灯泡每月的用电量是多少度？

解：每月 30d，每天照明 4h，合计为 $30 \times 4h = 120h$

则每月的用电量为

$$W = Pt = 60W \times 120h = 7200W \cdot h = 7.2kW \cdot h = 7.2 度$$

2.5.4 最大功率传输定理

如果需要知道从电源输出最大功率时所带的负载值，则最大传输定理是重要的。**最大功率传输定理：当负载电阻等于电源内阻时，电源输出最大功率。**

在图 2-29 中，当 $R_L = R_0$ 时，电源输出最大功率给负载 R_L。

最大功率传输定理的实际应用包括声音系统，例如立体声系统、收音机和扩音机等，在这些系统中，扬声器的电阻是负载，这些系统经过优化，把最大功率传输给扬声器，因此，扬声器的电阻必须等于系统电源（放大器）的内阻。

【例 2.23】 在图 2-30 中，电压源的端电压 U_S 为 10V，内阻为 75Ω，试确定可变负载电阻取下列各值时的负载功率。

（1）25Ω；（2）50Ω；（3）75Ω；（4）100Ω；（5）125Ω

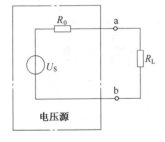

图 2-29 最大功率传输

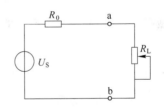

图 2-30 例 2.23 的图

解：只要求解出负载 R_L 上的电流值，就能根据功率公式求出负载的功率。

（1）当 $R_L = 25Ω$ 时，可得

$$I = \frac{U_S}{R_0 + R_L} = \frac{10V}{75Ω + 25Ω} = 0.1A$$

$$P_L = I^2 R_L = (0.1A)^2 \times 25Ω = 0.25W$$

（2）当 $R_L = 50Ω$ 时，可得

$$I = \frac{U_S}{R_0 + R_L} = \frac{10V}{75Ω + 50Ω} = 0.08A$$

$$P_L = I^2 R_L = (0.08A)^2 \times 50Ω = 0.32W$$

(3) 当 $R_L = 75\Omega$ 时，可得

$$I = \frac{U_S}{R_0 + R_L} = \frac{10V}{75\Omega + 75\Omega} = 0.067A$$

$$P_L = I^2 R_L = (0.067A)^2 \times 75\Omega = 0.337W$$

(4) 当 $R_L = 100\Omega$ 时，可得

$$I = \frac{U_S}{R_0 + R_L} = \frac{10V}{75\Omega + 100\Omega} = 0.057A$$

$$P_L = I^2 R_L = (0.057A)^2 \times 100\Omega = 0.325W$$

(5) 当 $R_L = 125\Omega$ 时，可得

$$I = \frac{U_S}{R_0 + R_L} = \frac{10V}{75\Omega + 125\Omega} = 0.05A$$

$$P_L = I^2 R_L = (0.05A)^2 \times 125\Omega = 0.313W$$

从上例可以看出，当 $R_L = R_0 = 75\Omega$ 时，负载功率最大。当负载电阻大于或者小于电源内阻时，负载功率下降。

本 章 小 结

1. 电阻的串并联

串联电阻上的电流相等，等效电阻等于各个电阻之和：

$$R = R_1 + R_2 + \cdots + R_n$$

两个电阻串联时，电压和电阻成正比：

$$U_1 = \frac{R_1}{R_1 + R_2}U \qquad U_2 = \frac{R_2}{R_1 + R_2}U$$

并联电阻两端电压相等，等效电阻的倒数等于各个电阻倒数的和：

$$R = \frac{1}{\dfrac{1}{R_1} + \dfrac{1}{R_2} + \cdots + \dfrac{1}{R_n}}$$

两个电阻并联时，电阻上的电流和电阻成反比：

$$I_1 = \frac{R_2}{R_1 + R_2}I \qquad I_2 = \frac{R_1}{R_1 + R_2}I$$

2. 惠斯顿电桥

电桥平衡条件：

$$R_1 R_4 = R_2 R_3$$

惠斯顿电桥测电阻：

$$R_X = \frac{R_1}{R_3}R_4$$

3. 电流表和电压表的量程扩大

电流表的量程扩大：连接上和电流表并联的分流器。倍率为

$$m = \frac{I}{I_a} = 1 + \frac{r_a}{R_s}$$

电压表的量程扩大：连接上和电压表串联的分流器。倍率为

$$m = \frac{U}{U_v} = 1 + \frac{R_m}{r_v}$$

4. 基尔霍夫定律

基尔霍夫定律主要分为两大部分：电流定律（KCL）和电压定律（KVL）。

电流定律：对电路中任一节点，在任一瞬间，有

$$流进节点的电流 = 流出节点的电流$$

电压定律：对电路中任一回路，在任一瞬间，有

$$上升的电压 = 下降的电压$$

5. 电源的两种模型

电源分为电压源模型和电流源模型。如果不考虑电源的内阻，即电压源的内阻 $R_0 = 0$ 时的电压源称为理想电压源；电流源的内阻 $R_0 = \infty$ 时的电流源称为理想电流源。

理想电流源和理想电压源之间不能进行等效变换。

两种实际电源等效变换的公式为 $E = I_S R_0$

6. 功率

功率的计算公式： $$P = UI = I^2 R = \frac{U^2}{R}$$

用电量的计算公式： $$W = Pt = UIt = I^2 Rt$$

最大功率传输定理：当负载电阻等于电源内阻时，电源输出最大功率。

练 习 题

1. 有电阻值为 3Ω、4Ω、5Ω 的三个电阻，如果将它们串联时，其总电阻是多少？并联时总电阻是多少？

2. 如图 2-31 所示，将三个电阻串联，如果加 100V 的电压时，有 5mA 的电流通过，试回答下面的问题：（1）求电路的等效电阻 R_0 是多少？（2）R_2 的电阻值是多少？

3. 有两个 20Ω 的电阻，将它们并联时等效电阻是多少？

4. 有三个 30kΩ 的电阻，将它们并联时等效电阻是多少？

5. 如图 2-32 所示，总电阻是多少？

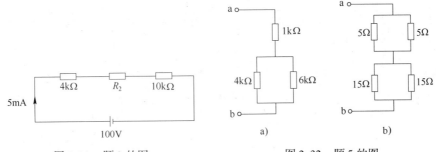

图 2-31 题 2 的图　　　　　　　　图 2-32 题 5 的图

6. 图 2-33 所示电路中的总电阻是多少？

7. 把电阻值为 1Ω、2Ω、3Ω 的三个电阻串联起来后，在两端加上 12V 的电压，求各个电阻的端电压。

8. 在图 2-34 中，端子 ab 间的电压为 100V，希望端子 cd 间的电压为 15V。设 ab 间的电阻是 20Ω，求

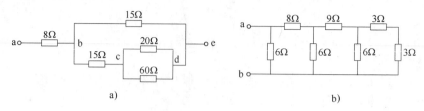

图 2-33　题 6 的图

R_1、R_2 的电阻各是多少？

9. 将 4Ω 和 6Ω 的电阻并联起来，当有 20A 的电流通过时，求通过各电阻的电流是多少？

10. 在图 2-35 中，总电流为 30A，求通过各电阻的电流是多少？

11. 如图 2-36 所示，如果 ab 间的电压一定，希望闭合开关 S 时从 a 流入的电流是打开开关 S 时流入电流的 2 倍，求 R 的值是多少？

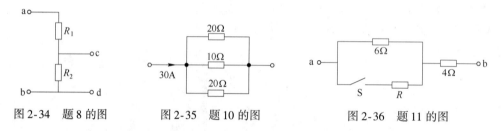

图 2-34　题 8 的图　　　　图 2-35　题 10 的图　　　　图 2-36　题 11 的图

12. 如果将电阻值为 75Ω、15Ω、50Ω 的三个电阻串联连接，并施加电压 U，在 15Ω 的电阻两端的电压等于 60V，求该电路的电流与施加的电压 U。

13. 图 2-37 所示电路中 R 的阻值未知，与 20Ω 的电阻串联连接。现在在 ab 间施加 100V 的电压，已测得 R 电阻两端的电压为 60V，问电阻 R 的阻值是多少？流经该电路的电流是多少？

14. 在图 2-38 所示电路中，欲使流过 R_1、R_2 的电流为 1∶2，R_1、R_2 的值分别是多少？

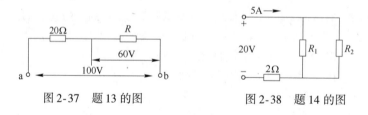

图 2-37　题 13 的图　　　　图 2-38　题 14 的图

15. 普通照明电路中的电灯采用并联连接，为什么？为何不能采用串联连接？

16. 计算图 2-39 所示各电路中 AB 间的电阻值。

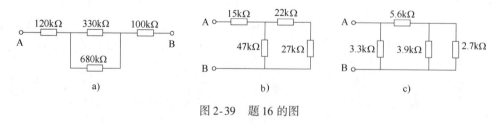

图 2-39　题 16 的图

17. 求图 2-40 所示各电路的等效电阻。

18. 求图 2-41 所示电路中的等效电阻，电阻 $R=40\Omega$，求该电路的等效电阻 R_{AB}。

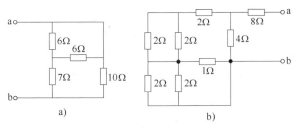
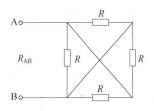

图 2-40 题 17 的图   图 2-41 题 18 的图

19. 图 2-42 所示各电路中，A、B 两端间的等效电阻 R_{AB} 各为多少？

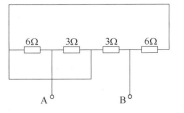
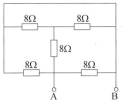
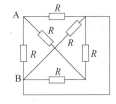

图 2-42 题 19 的图

20. 在图 2-43 所示各电路中，A、B 间等效电阻 R_{AB} 各为多少？

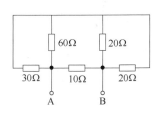
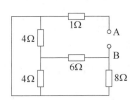
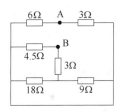

图 2-43 题 20 的图

21. 在图 2-44 所示电路中，A、B 两点间的等效电阻与电路中的 R_L 相等，求 R_L。

22. 用内部电阻为 20kΩ、量程为 10V 的直流电压表测量 250V 的电压，需要多少 MΩ 的倍压器？

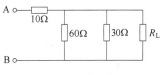

图 2-44 题 21 的图

23. 为了将内部电阻为 30kΩ、最大刻度为 75V 的电压表用于测量 300V 的电压，应该怎么办？

24. 有一内部电阻为 10Ω、最大刻度为 1mA 的直流电流表，希望用此电流表构成量程为 100mA 的电流表，求应该使用多大的电阻 R_S？

25. 为了将内部电阻为 0.03Ω、最大刻度为 25A 的电流表用于测量 100A 的电流，应该怎么办？

26. 如图 2-45 所示，将内部电阻为 20kΩ、最大刻度为 500V 的电压表 V_1，与内部电阻为 30kΩ、最大刻度为 1000V 的电压表 V_2 串联连接，在两端加上 1000V 的电压后，V_1、V_2 的读数分别是多少？

27. 图 2-46 所示的电路为多量程的电压表，已知微安表内阻 $R_g = 1kΩ$，各档分压电阻分别为 $R_1 = 9kΩ$、$R_2 = 90kΩ$、$R_3 = 900kΩ$，这个电压表的最大量限（用端子 0、4 测量）为 500V，计算表头允许通过的最大电流及其他量限的电压值。

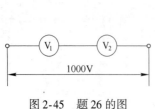

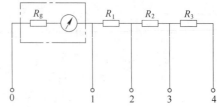

图 2-45　题 26 的图　　　　　　　　图 2-46　题 27 的图

28. 多量限电流表如图 2-47 所示，已知表头内阻 R_g 为 1500Ω，满偏电流为 200μA，若扩大其量限为 500μA、1mA、5mA，试计算分流电阻 R_1、R_2、R_3 的数值。

29. 在图 2-48 所示电路中，求出通过各支路的电流。

30. 求图 2-49 所示电路中各支路的电流。

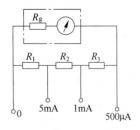

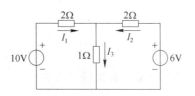
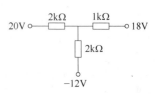

图 2-47　题 28 的图　　　　　图 2-48　题 29 的图　　　　　图 2-49　题 30 的图

31. 已知图 2-50 所示电路中的 B 点开路。求 B 点电位。

32. 电路如图 2-51 所示，求 A 点电位。

33. 求图 2-52 所示电路中当开关 S 打开和闭合情况下 A 点的电位。

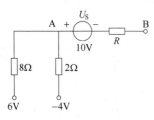
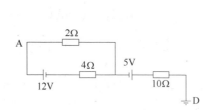
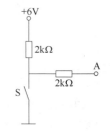

图 2-50　题 31 的图　　　　　图 2-51　题 32 的图　　　　　图 2-52　题 33 的图

34. 求图 2-53 所示电路中 A 点的电位。

35. 求图 2-54 所示电路中的电位 V_a、V_b 及 U_{ab}。

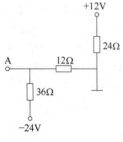
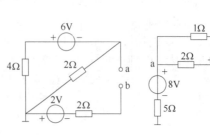

图 2-53　题 34 的图　　　　　　图 2-54　题 35 的图

36. 把图 2-55a、c 所示电路用图 2-55b、d 所示的等效电压源代替，求等效电压源的参数 U_S 和 R 的值。

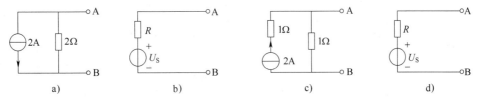

图 2-55 题 36 的图

37. 已知图 2-56a 中的 $U_S = 2V$，用图 2-56b 所示的等效电流源代替图 2-56a 所示的电路，求等效电流源的参数 I_S 和 R 的值。

38. 用电压源与电流源等效变换的方法求解图 2-57 所示电路中 2Ω 电阻中的电流。

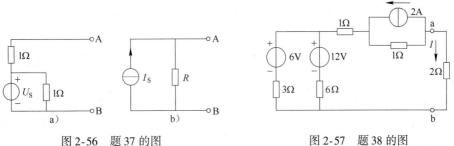

图 2-56 题 37 的图   图 2-57 题 38 的图

39. 为什么理想电压源能提供一个恒定的电压？为什么理想的电流源可以提供一个恒定的电流？

40. 将图 2-58 所示电路中的电流源和电压源化成单独的电压源。

41. 电路如图 2-59 所示，求流过 R_4 的电流，要求用化简电流源和电压源的方法解。

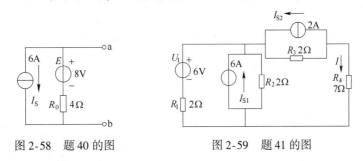

图 2-58 题 40 的图   图 2-59 题 41 的图

42. 计算图 2-60 所示各电路中电阻及电压源、电流源的功率。

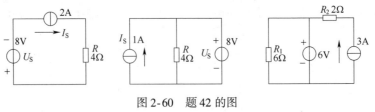

图 2-60 题 42 的图

43. 将图 2-61 所示各电路分别用实际电源的电流源模型和电压源模型来表示。

44. 求图 2-62 所示各电路中的电压 U 和电流 I。

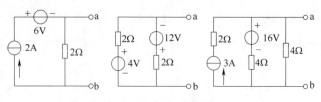

图 2-61 题 43 的图

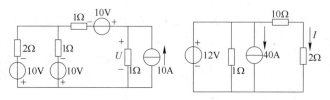

图 2-62 题 44 的图

45. 有一功率为 400W、220V 的电熨斗，如果接在电源电压为 200V 的插座上，试问消耗的电功率为多少瓦？

46. 每天使用 600W 的电热器 1 小时 30 分钟，连续使用了 30 天，试问一共用了多少度电？

47. 有一个家庭，5 个月用电 230 度，问这个家庭的电功率为多少？（每月按 30 天计算）如果 1 度电的电费为 1.2 元，每个月应缴电费多少元？

48. 额定值为 1W、400Ω 的电阻，在使用时电流和电压不得超过多大数值？

49. 一个电热器从 220V 电源上取用的功率为 800W，如果将它接到 110V 的电源上，则取用的功率是多少？

50. 在图 2-63 所示电路中，要在 12V 的直流电源上使 6V、50mA 的灯泡正常发光，应该采用哪一种连接电路？

51. 在图 2-64 所示电路中，已知参数已标在图中，当流过 10Ω 电阻的电流为 3A 时，求 ab 间的电压是多少？

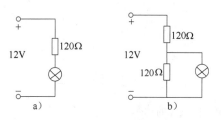

图 2-63 题 50 的图

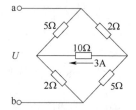

图 2-64 题 51 的图

第3章

电路的分析方法

上一章介绍的电阻电路分析方法是利用等效电阻变换，逐步化简电路来进行的。用这类方法分析简单的电路是行之有效的，具有较强的灵活性。但是，这类方法局限于一定结构形式的电路，且不便于对电路进行一般性探讨。本章扼要介绍一些普遍方法或称之为**系统分析方法**，一般不需要改变电路的结构。这种分析方法的大体步骤如下：首先，选择电路变量（电压或电流），依据欧姆定律和基尔霍夫定律建立电路变量方程，然后解方程。同时，本章也介绍几种常用的电路定理及非线性电阻电路的图解法等，这些都是分析电路的基本原理和方法。

3.1 支路电流法

凡不能用电阻串并联等效变换化简的电路，一般称为**复杂电路**。在计算和分析复杂电路时，支路电流法是最基本的方法。它是应用基尔霍夫电流定律（KCL）和电压定律（KVL）分别对节点和回路列写出所需要的方程，组合这些方程，然后解出各未知的支路电流。

列方程时，必须先在电路图上选定好未知支路电流的参考方向。

现以图 3-1 所示电路为例，来说明支路电流法的应用。在本电路中，支路数 $b=3$，节点数 $n=2$，要列写出三个独立方程方能求解支路电流。支路电流的参考方向及两个回路绕行方向如图 3-1 所示。

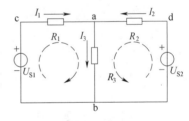

图 3-1　复杂直流电路

首先，应用 KCL 对节点 a 列出节点电流方程：

$$I_1 + I_2 = I_3 \tag{3-1}$$

对节点 b 列出：

$$I_3 = I_1 + I_2 \tag{3-2}$$

式（3-2）即为式（3-1），它是非独立的方程，因此，对具有两个节点的电路，只能列出一个独立的节点电流方程。

一般来说，对具有 **n** 个节点的电路应用 **KCL** 只能列写出（**n**−1）个独立的节点电流方程。

其次，对于具有 b 个支路 n 个节点的电路应用 KVL 列出 b−(n−1) 个回路电压方程，通常可取网孔回路列出方程。它们是独立的回路方程。

在图 3-1 所示电路中有两个网孔回路，左右两个网孔回路对应的回路电压方程分别为

$$R_1 I_1 + R_3 I_3 = U_{S1} \tag{3-3}$$

$$R_2I_2 + R_3I_3 = U_{S2} \tag{3-4}$$

应用基尔霍夫电流定律和基尔霍夫电压定律一共可以列出 $(n-1) + (b-(n-1)) = b$ 个独立方程，所以能解出 b 个支路电流。

【例3.1】 在图3-1所示电路中，如果 $U_{S1} = 6V$、$U_{S2} = 7V$、$R_1 = 2$、$R_2 = 1$、$R_3 = 2$，试求各支路电流 I_1、I_2、I_3。

解：应用基尔霍夫电流定律和基尔霍夫电压定律列出式（3-1）、式（3-3）和式（3-4），将已知参数代入，即得

$$I_1 + I_2 = I_3$$
$$2I_1 + 2I_3 = 6$$
$$I_2 + 2I_3 = 7$$

将三个方程联立求解得 $I_1 = 0.5A$，$I_2 = 2A$，$I_3 = 2.5A$。

结果均为正值，说明三个电流的实际方向与电路中假定的参考方向是一致的。解出的结果是否正确，一般可以用未用过的回路，应用 KVL 进行验算。

【例3.2】 在图3-2所示桥式电路中，已知 $U_S = 12V$，$R_1 = R_2 = 5\Omega$，$R_3 = 10\Omega$，$R_4 = 5\Omega$。中间支路是一个检流计，其电阻 $R_G = 10\Omega$。试求检流计中的电流 I_G。

解：这个电路的支路数 $b = 6$，节点数 $n = 4$。因此，应用 KCL、KVL 列出6个独立方程：

对节点 a：$I_1 - I_2 - I_G = 0$

对节点 b：$I_3 - I_4 + I_G = 0$

对节点 c：$I_2 + I_4 - I = 0$

对网孔 abda：$I_G R_G - I_3 R_3 + I_1 R_1 = 0$

对网孔 acba：$I_2 R_2 - I_4 R_4 - I_G R_G = 0$

对网孔 bcdb：$I_4 R_4 + I_3 R_3 = U_S$

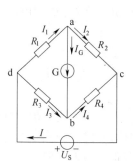

图3-2　桥式电路

将已知电路参数代入，联立方程求解，得

$$I_G = 0.126A$$

可见当支路数较多而只求一条支路电流时，应用支路电流法，计算量并没有减少。这种类型的问题，可以应用其他方法计算。

3.2　节点电压法

图3-3所示电路只有两个节点 a 和 b，节点间的电压 U_{ab} 称为**节点电压**，图中，节点电压参考方向由 a 指向 b。节点电压法实质上是以节点电压为未知量，列写基尔霍夫电流定律（KCL）方程，然后计算各支路电流。

各支路的电流可应用基尔霍夫电压定律或欧姆定律得出：

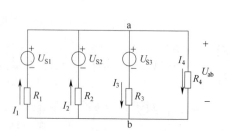

图3-3　具有两个节点的电路

$$U_{ab} = U_{S1} - R_1 I_1, \qquad I_1 = \frac{U_{S1} - U_{ab}}{R_1}$$

$$U_{ab} = U_{S2} - R_2 I_2, \qquad I_2 = \frac{U_{S2} - U_{ab}}{R_2}$$

$$U_{ab} = U_{S3} + R_3 I_3, \qquad I_3 = \frac{-U_{S3} + U_{ab}}{R_3}$$

$$U_{ab} = R_4 I_4, \qquad I_4 = \frac{U_{ab}}{R_4}$$

进一步列写基尔霍夫电流定律：$I_1 + I_2 - I_3 - I_4 = 0$，将上列式子代入，则得

$$\frac{U_{S1} - U_{ab}}{R_1} + \frac{U_{S2} - U_{ab}}{R_2} - \frac{-U_{S3} + U_{ab}}{R_3} - \frac{U_{ab}}{R_4} = 0$$

经整理得出节点电压公式为

$$U_{ab} = \frac{\dfrac{U_{S1}}{R_1} + \dfrac{U_{S2}}{R_2} + \dfrac{U_{S3}}{R_3}}{\dfrac{1}{R_1} + \dfrac{1}{R_2} + \dfrac{1}{R_3} + \dfrac{1}{R_4}} = \frac{\sum \dfrac{U_S}{R}}{\sum \dfrac{1}{R}} \qquad (3\text{-}5)$$

在上式中，分母的各项总为正；分子的各项可以为正，也可以为负。当电动势和节点的参考方向相反时取正号，相同时取负号，与各支路电流的参考方向无关。

以上方法是在求出节点电压后，再计算各支路的电流，这种计算方法称为**节点电压法**。式（3-5）也称为**弥尔曼公式**。

【例 3.3】 用节点电压法计算【例 3.1】

解：在图 3-1 所示电路中，只有两个节点 a 和 b。节点电压为

$$U_{ab} = \frac{\dfrac{U_{S1}}{R_1} + \dfrac{U_{S2}}{R_2}}{\dfrac{1}{R_1} + \dfrac{1}{R_2} + \dfrac{1}{R_3}} = \frac{\dfrac{6}{2} + \dfrac{7}{1}}{\dfrac{1}{2} + \dfrac{1}{1} + \dfrac{1}{2}} V = 5V$$

由此可计算出各支路电流：

$$I_1 = \frac{U_{S1} - U_{ab}}{R_1} = \frac{6 - 5}{2} A = 0.5A$$

$$I_2 = \frac{U_{S2} - U_{ab}}{R_2} = \frac{7 - 5}{1} A = 2A$$

$$I_3 = \frac{U_{ab}}{R_3} = \frac{5}{2} A = 2.5A$$

由该例可知，对于只有两个节点的电路，可以先由弥尔曼公式算出节点电压，然后计算各支流电流，算法简便，计算时要注意电源电压与支路电流的方向。

3.3 叠加定理

在多电源的复杂线性电路中，任何一条支路中的电流，都可以看成是由电路中各个电源（可以是电压源或电流源）单独作用时，在此支路上所产生的电流的代数和，这就是**叠加定理**。

所谓电路中只有一个电源单独作用，就是假设将其余电源均除去，即将理想电压源短接（在原电路中，理想电压源用短接线代之），将理想电流源开路（在原电路中，理想电流源用开路代之）。实际电源要保留其内阻。

用叠加定理计算复杂电路，就是把一个多电源的复杂电路转化为几个单电源电路来进行计算。

从数学上看，叠加定理的本质就是利用线性方程的可加性。以支路电流法为例，按照支路电流法所列出的独立方程是一组线性方程，所以，**支路电流或电压都可以用叠加定理来求解。但功率的计算就不能用叠加定理**，因为功率与电流的平方成正比。

【例3.4】 在图3-4中，如果 $U_S = 6V$、$I_S = 7A$、$R_1 = 2\Omega$、$R_2 = 1\Omega$、$R_3 = 2\Omega$。试求 I_1、I_2、I_3。

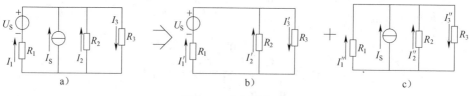

图3-4 多电源电路

解：图3-4a所示电路各支路电流可以看成是由图3-4b和图3-4c所示两个电路的电流叠加起来的。

当 U_S 起作用时，I_S 暂时看成开路，如图3-4b所示：

$$I'_1 = \frac{U_S}{R_1 + \frac{R_2 R_3}{R_2 + R_3}} = 2.25A$$

$$I'_2 = -I'_1 \frac{R_3}{R_2 + R_3} = -\frac{9}{4} \times \frac{2}{1+2}A = -1.5A$$

$$I'_3 = I'_1 \frac{R_2}{R_2 + R_3} = \frac{9}{4} \times \frac{1}{1+2}A = 0.75A$$

当 I_S 起作用时，U_S 看作被短路的状态，如图3-4c所示：

$$I''_1 = -\frac{I_S}{R_1}\left(\frac{1}{\frac{1}{R_1} + \frac{1}{R_2} + \frac{1}{R_3}}\right) = -3.5 \times \frac{1}{1+1}A = -1.75A$$

$$I''_2 = -\frac{I_S}{R_2}\left(\frac{1}{\frac{1}{R_1} + \frac{1}{R_2} + \frac{1}{R_3}}\right) = -7 \times \frac{1}{1+1}A = -3.5A$$

$$I''_3 = \frac{I_S}{R_3}\left(\frac{1}{\frac{1}{R_1} + \frac{1}{R_2} + \frac{1}{R_3}}\right) = 3.5 \times \frac{1}{1+1}A = 1.75A$$

所以

$$I_1 = I'_1 + I''_1 = 2.25A + (-1.75)A = 0.5A$$

$$I_2 = I'_2 + I''_2 = -1.5A + (-3.5)A = -5A$$

$$I_3 = I'_3 + I''_3 = 0.75A + 1.75A = 2.5A$$

应用叠加定理分析电路，首先将复杂电路化成几个简单电路。对简单电路的分析，基本上是电阻的串并联电路分析，主要用到分流公式和分压公式。当各个电源分别起作用的简单电路计算完后，再将各个单独的电源电路在每一条电路上的电流叠加，便得到所有电源共同作用在该支路上的电流。如果求电阻上的电压，也可以用相同的方法求得（**注意电压、电流的参考方向**）。

3.4 戴维南定理和诺顿定理

在有些情况下，只需要计算一个复杂电路中某一条支路的电流，如果用前面所介绍的方法来计算，有时候会引出一些不需要的电压、电流量，前述算例 3.2 便是一个典型的例子。为了使计算简便，常常应用等效电源的方法。

下面来说明一下等效电源的概念。只需要计算一个复杂电路中某一条支路的电流或者某一个元件上的电压时，可以将这条支路单独划分出来，如图 3-5a 所示，假设需要计算检流计 G 中通过的电流，则可以将这条支路划分出来，将其余部分看成一个**有源二端网络**，如图 3-5b 中的方框部分。

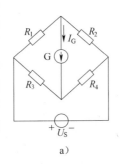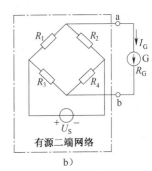

图 3-5 二端网络的概念

所谓有源二端网络，就是具有两个出线端的部分电路，内部含有电源。有源二端网络无论繁简，它对所要计算的那条支路而言，仅相当于一个电源，而这个电源一定可以化简为一个**等效电源**。例如从电源插座上带上设备运行就是一个典型例子。电源是有源二端网络，在插座端可以看做是一个电源，即含有一定内阻的电源，能为设备提供一定的电能。如果一个有源二端网络可以等效为一个电源，等效后对外电路而言，原支路的电流和电压是完全不变的，则等效变换是可行的。

在第 2 章中介绍过，一个电源可以用两种电路模型表示，一种是端电压为 U_S 的理想电压源和内阻 R_0 串联的电路（电压源）；一种是电流为 I_S 的理想电流源和内阻 R_0 相并联的电路（电流源）。因此，由这两种等效电源可引出两个重要的电路定理，戴维南定理和诺顿定理。

任何一个有源二端线性网络都可以用一个端电压为 U_S 的理想电压源和内阻 R_0 串联的电源来等效代替，如图 3-6 所示。等效电源的端电压 U_S 就是有源二端网络的开路电压 U_{ab}，即将负载断开后 a、b 两端之间的电压。等效电源的内阻 R_0 等于有源二端网络内部所有的电源均除去（即将理想电压源短路、理想电流源开路）后，由开路 a、b 端看进去的等效电阻 R_{ab}。这就是**戴维南定理**。

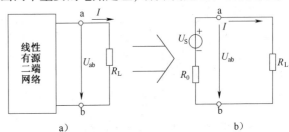

图 3-6 戴维南等效电路

等效电源的端电压 U_S 和内阻 R_0 可以通过实验或计算得到。图 3-6b 所示电路亦称为**戴

维南等效电路, 其中电流可由下式计算:

$$I = \frac{U_S}{R_0 + R_L} \tag{3-6}$$

【例3.5】 在图3-5a 所示电路中, 已知: $R_1 = 5\Omega$, $R_2 = 5\Omega$, $R_3 = 10\Omega$, $R_4 = 5\Omega$, $U_S = 12V$、$R_G = 10\Omega$, 试用戴维南定理求检流计中的电流 I_G。

解: 用戴维南定理求解时, 先将图3-5a 所示电路转化成图3-5b 所示电路的形式。

（1）**求开路电压 U_{ab}**, 电路如图 3-7a 所示:

$$I_1 = \frac{U_S}{R_1 + R_2} = \frac{12}{5 + 5}A = 1.2A$$

$$I_2 = \frac{U_S}{R_3 + R_4} = \frac{12}{10 + 5}A = 0.8A$$

$$U_{ab} = I_1 R_2 - I_2 R_4 = 1.2A \times 5\Omega - 0.8A \times 5\Omega = 2V$$

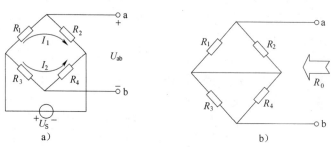

图3-7　计算等效电源的 U_{ab} 和 R_0 的电路

（2）**求等效电阻 R_0**, 电路如图 3-7b 所示。从 a、b 看进去, R_1 和 R_2 并联, R_3 和 R_4 并联, 然后再串联, 可得

$$R_0 = R_{ab} = (R_1 // R_2) + (R_3 // R_4)$$
$$= (5 // 5)\Omega + (10 // 5)\Omega = 5.8\Omega$$

（3）**画出等效电路**, 如图 3-8 所示, 求检流计中的电流 I_G:

$$I_G = \frac{U_{ab}}{R_0 + R_G} = \frac{2}{5.8 + 10}A = 0.126A$$

【例3.6】 试求图3-9 所示电路中流过电阻 R_L 的电流 I_L。

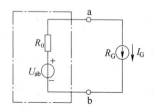

图3-8　例3.5 戴维南等效电路

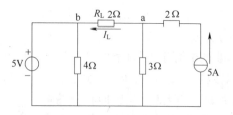

图3-9　戴维南应用电路

解: 应用戴维南定理计算电流 I_L。

先将待算的支路由 a、b 两点断开, 求开路电压 U_{ab}, 如图 3-10a 所示; 再求由 ab 两点看进去的网络等效电阻 R_{ab}, 如图 3-10b 所示。

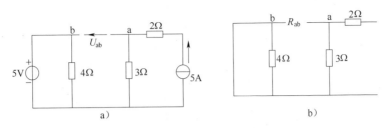

图 3-10　计算等效电源的 U_{ab} 和 R_0 的电路

由图 3-10a 所示电路可求得

$$U_{ab} = (3 \times 5 - 5)V = 10V$$

由图 3-10b 所示电路可求得

$$R_{ab} = 3\Omega$$

由图 3-6b 所示的戴维南等效电路可求得

$$I_L = 10/(2+3)A = 2A$$

诺顿定理：任何一个线性有源二端网络都可以用一个电流为 I_S 的理想电流源和内阻 R_0 并联的电源来等效代替，如图 3-11 所示。等效电源的电流 I_S 就是有源二端网络的短路电流 I_S ，等效电源的内阻 R_0 等于二端网络电源内部所有的电源均失去作用情况下由开路端看进去的等效电阻 R_{ab} 。这就是诺顿定理。

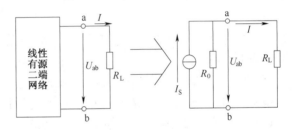

图 3-11　诺顿定理

网络等效后，电流的计算用分流公式来完成：

$$I = I_S \frac{R_0}{R_0 + R_L}$$

3.5　受控源电路的分析*

前面所介绍的电压源和电流源都是独立电源。所谓**独立电源**，就是电压源的电压和电流源的电流不受外电路的控制而独立存在。而在有些电路（主要是电子电路）中，会遇到另一种类型的电源，即电压源的电压或电流源的电流会受到电路中的其他电压或电流的控制，这种电源称为**受控源**。当受控源的控制电压或电流消失或等于零时，受控源的电压或电流也将为零。

根据受控源是电压源还是电流源，以及受电压控制还是电流控制，受控源分为电压控制电压源（VCVS）、电流控制电压源（CCVS）、电压控制电流源（VCCS）和电流控制电流源（CCCS）四种类型。图 3-12 所示为四种理想受控源的模型。

理想受控源就是它的控制端（输入端）和受控端（输出端）都是理想的。在控制端，电压控制的受控源，其输入端电阻为无穷大（ $I_1 = 0$ ）；电流控制的受控源，其输入端电阻为零（ $U_1 = 0$ ）。这样，控制端消耗的功率为零。在受控端，对受控电压源，其输出端电阻为零，输出电压恒定；对受控电流源，其输出端电阻为无穷大，输出电流恒定。这些与理想独立电压源、电流源相同。

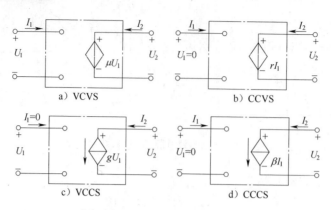

图 3-12　四种理想受控源的模型

如果受控电源的电压或电流与控制它们的电压或电流之间为正比例关系，则这种控制作用是线性的，在图 3-12 中系数 μ、r、g、β 都是常数。这里 μ、β 是没有量纲的纯数，r 具有电阻的量纲，g 具有电导的量纲。在电路中受控电源用菱形表示，以便区别于独立电源的圆形符号。

对于含有受控电源的线性电路，分析和计算的方法与前面分析电路的方法相同，但考虑到受控电源的特性，在分析和计算时也有一些需要注意的事项，详见例题。

【例 3.7】　求图 3-13 所示电路中的电压 U_2。

解：在图 3-13 所示电路中，含有一个电压控制电流源，1/6 即为图 3-12 中的 g，单位为 S。在求解时，和其他电路元件一样，也按基尔霍夫定律列写方程。

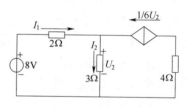

$$\begin{cases} I_1 - I_2 + 1/6U_2 = 0 \\ 2I_1 + 3I_2 = 8 \end{cases}$$

图 3-13　含受控源的电路

因为 $U_2 = 3I_2$，可得

$$\begin{cases} I_1 - I_2 + 1/2I_2 = 0 \\ 2I_1 + 3I_2 = 8 \end{cases}$$

解后得

$$I_2 = 2\text{A} \quad U_2 = 3\Omega \times I_2 = 3 \times 2\text{V} = 6\text{V}$$

【例 3.8】　应用叠加定理求图 3-14a 所示电路中的电压 U 和电流 I_2。

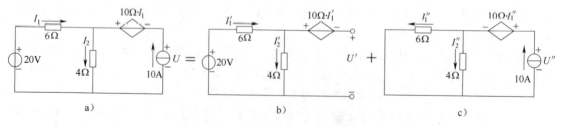

a)　　　　　　　　　　b)　　　　　　　　　　c)

图 3-14　用叠加定理解含受控源的电路

解：应用叠加定理，分别求出 20V 电压源单独起作用时两端电压作为 U'（如图 3-14b 所示）和 10A 电流源单独起作用时两端电压为 U''（如图 3-14c 所示）。在这个电路中，受控电源给予保留。

（1）20V 电压源单独起作用时，可得

$$I_1' = I_2' = 20/(6+4)\text{A} = 2\text{A}$$

$$U' = -10\Omega \times I_1' + 4\Omega \times I_2' = -12\text{V}$$

（2）10A 电流源单独起作用时，

$$I_1'' = 4/(6+4) \times 10\text{A} = 4\text{A}$$

$$I_2'' = 6/(6+4) \times 10\text{A} = 6\text{A}$$

$$U'' = 10\Omega \times I_1'' + 4\Omega \times I_2'' = 64\text{V}$$

（1）和（2）进行叠加，结果为：

$$U = U' + U'' = (-12 + 64)\text{V} = 52\text{V}$$

$$I_2 = I_2' + I_2'' = (2 + 6)\text{A} = 8\text{A}$$

在 10A 电流源单独作用时，由于 I_1'' 的参考方向改变，受控电源的参考方向亦要做相应的变化。如果把受控电源当做独立电源看，即它单独作用时，注意应保持原来的受控量不变。

【例 3.9】 用戴维南定理求图 3-14a 所示电路中的电流 I_2。

解：（1）求开路电压 U_0，电路如图 3-15a 所示：

$$I_1' = -10\text{A}$$

$$U_0 = 20\text{V} - 6\Omega \times I_1' = 20\text{V} + 60\text{V} = 80\text{V}$$

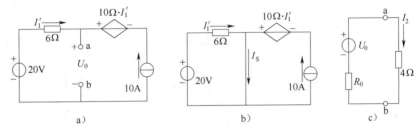

图 3-15 用戴维南定理解含受控源的电路

（2）求短路电流 I_S，电路如图 3-15b 所示：

$$I_S = (20/6 + 10)\text{A} = 40/3\text{A}$$

（3）求等效电源内阻 R_0：

$$R_0 = U_0/I_S = 80/\frac{40}{3}\Omega = 6\Omega$$

在本题中由于除去电源后的二端网络中含有受控电源，一般不能用电阻串并联等效变换求等效内阻 R_0，而应该用开路电压 U_0 与短路电流 I_S 之比去求。

（4）组成戴维南等效电路，求电流 I_2，如图 3-15c 所示：

$$I_2 = 80/(4\text{A} + 6\text{A}) = 8\text{A}$$

【例 3.10】 在图 3-16 所示电路中用电压源模型与电流源模型等效变换来求电流 I。

解： 在受控电压源与受控电流源等效变换中，不能把受控电源的控制量变换掉，在本例中即不能把 8Ω 支路中的电流 I 变换掉。

先将左边的受控电流源变换成受控电压源，如图 3-17 所示：

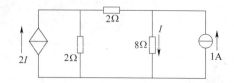
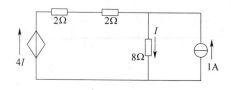

图 3-16 用电压源模型与电流源模型等效变换求解电路　　　　　图　3-17

经过电阻等效变换后，再次转换成受控电流源形式，如图 3-18 所示：

通过等效变换后，应用基尔霍夫电流定律列写方程：

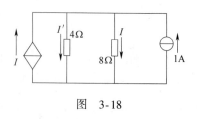

$$1A - I - I' + I = 0$$

$$1A - I - 8I/4 + I = 0$$

解得　　　　　　　$I = 0.5A$

图　3-18

3.6　非线性电阻电路的分析

如果电阻两端的电压和与流过的电流成正比，说明电阻是一个常数，该电阻称为**线性电阻**。线性电阻两端的电流和电压遵循欧姆定理。如果电阻不是一个常数，而是随着电压或者电流变动，那么，这种电阻就不是线性的了，称为**非线性电阻**。非线性电阻两端的电压和电流的关系将不遵循欧姆定理，一般也不能用数学公式进行表示。图 3-19 所示为白炽灯和二极管的伏安特性曲线。

由于非线性电阻的阻值是随着电压或电流变动的，计算电阻时就必须指明它的工作电压或工作电流，在图 3-20 所示曲线中的 Q 点就是工作状态下的电阻。在图 3-20 中非线性电阻有两种表示方式：一种称为**静态电阻**(亦称直流电阻)，它等于 Q 点的电压 U 和电流 I 之比，即 $R = \dfrac{U}{I}$；另一种称为**动态电阻**，它等于工作点 Q 附近的电压微变量 ΔU 与电流微变量 ΔI 之比的极限，即

$$r = \lim_{\Delta I \to 0} \frac{\Delta U}{\Delta I} = \frac{\mathrm{d}U}{\mathrm{d}I}$$

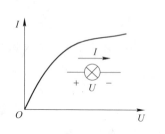
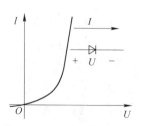
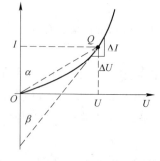

图 3-19　白炽灯和二极管的伏安特性曲线　　　　图 3-20　静态电阻和动态电阻图解

动态电阻用小写字母 r 表示，由于非线性电阻的阻值不是常数，所以在分析和计算时一般采用图解法。

图 3-21 所示为一非线性电阻电路，线性电阻 R_1 与非线性电阻 R 相串联。非线性电阻的伏安特性如图 3-22 所示。

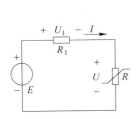

图 3-21　非线性电阻电路

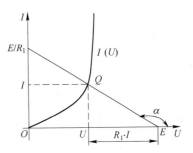

图 3-22　非线性电阻电路的图解法

对图 3-21 所示电路可应用基尔霍夫电压定律列写方程：

$$U = E - U_1 = E - R_1 I \qquad 或 \qquad I = -\frac{1}{R_1}U + \frac{E}{R_1}$$

这是一条直线方程，其斜率为 $\tan\alpha = -1/R_1$，在横轴上的截距为 E，在纵轴上的截距为 E/R_1，因此可以很容易的得到图 3-22 所示的图解。

显然，这一直线与电阻 R_1 及电源的电动势 E 的大小有关，当电源电动势 E 一定时，该直线将随 R_1 的增大而趋于与横轴垂直。当电阻 R_1 一定时，随着电源电动势 E 的不同，该直线将平行地移动，因此它的斜率仅与 R_1 有关，不因 E 的改变而改变。

电路的工作情况由图 3-23 所示的直线和非线性电阻元件 R 的伏安特性 $I(U)$ 的交点 Q 确定，两者的交点既表示了非线性电阻元件 R

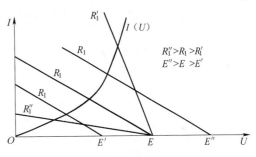

图 3-23　对应于不同 E 和 R 的情况

上的电压和电流，同时也符合电路中电压和电流之间的关系。

本 章 小 结

1. 支路电流法

以支路电流为未知量，应用基尔霍夫定律（KCL、KVL）在电路节点上列写节点电流方程、在回路上列写回路电压方程，综合求解出各支路电流。

支路电流法是电路分析中最基本的方法之一，但当支路数较多时，所需方程的个数较多，求解不方便。

2. 节点电压法

以节点电压为未知量，列方程求解。在求出节点电压后，可应用基尔霍夫定律或欧姆定律求出各支路的电流或电压。

节点电压法适用于支路数较多，节点数较少的电路。

3. 叠加定理

具有两个或者两个以上电源的线性电路，其任何一条支路的电流，都可以看成是由电路中各个电源单独作用时，在此支路中所产生的电流的代数和。

4. 戴维南定理

任何一个有源二端线性网络都可以用一个端电压为 U_S 的理想电压源和内阻 R_0 串联的电源来等效代替，其等效电源的端电压为 U_S 就是有源二端网络的开路电压 U_0，等效电源的内阻 R_0 等于有源二端网络中所有电源均除去（理想电压源短路，理想电流源开路）后所得到的无源二端网络两端之间的等效电阻。

5. 受控电源

电压源的电压或电流源的电流受电路中其他部分的电流或电压控制的电源。当控制电压或电流消失或等于零时，受控源的电压或电流也将为零。

6. 非线性电阻

电阻两端的电压与通过的电流不成正比。非线性电阻值不是常数。

分析计算时不能运用欧姆定理，应根据非线性电阻的伏安特性曲线与有源二端网络的负载线，采用图解法求出非线性电阻中的电流及其两端的电压。

练 习 题

1. 电路如图 3-24 所示，求各支路电流。

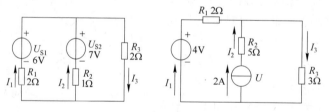

图 3-24　题 1 的图

2. 在图 3-25 所示电路中，（1）指出电路中有几个节点？几个回路？几个支路？（2）列写出独立的支路电流方程组。

3. 在图 3-26 示电路中，已知：$U_{S1} = U_{S2} = U_{S3} = 10V$，$R_1 = R_2 = R_3 = 5\Omega$。用节点电压法计算电压 $U_{N'N}$ 和电流 I_1。

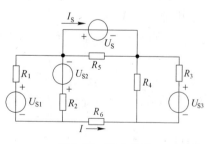

图 3-25　题 2 的图

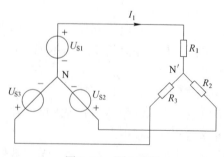

图 3-26　题 3 的图

4. 电路如图 3-27 所示。试用叠加定理求电路中的电流 I、I_1、I_2。

5. 用叠加定理求图 3-28 所示电路中的电流 I。

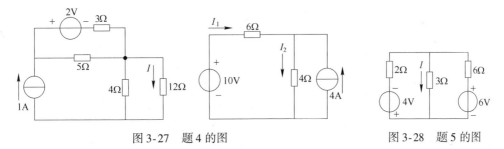

图 3-27 题 4 的图   图 3-28 题 5 的图

6. 在图 3-29 所示的电路中，试确定从 R_L 看进去的戴维南等效电路。

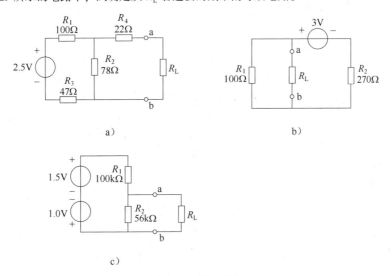

a)   b)

c)

图 3-29 题 6 的图

7. 电路如图 3-30 所示，试用戴维南定理求电路中的电压 U 或电流 I。

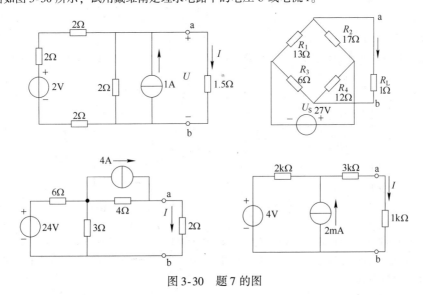

图 3-30 题 7 的图

8. 在图 3-31 所示电路中，$R_1 = 100\text{k}\Omega$，$R_2 = 22\text{k}\Omega$，为了将最大的功率传输给负载电阻，a、b 两端口间连接的负载电阻应为多大？

9. 求图 3-32 所示电路的戴维南等效电路。

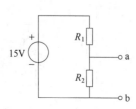

图 3-31　题 8 的图

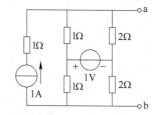

图 3-32　题 9 的图

10. 电路如图 3-33 所示，求电流 I。

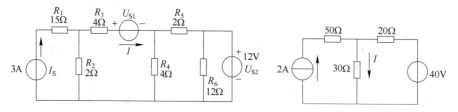

图 3-33　题 10 的图

11. 电路如图 3-34 所示，求 U_1、U_2、U_3。

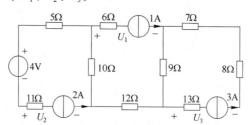

图 3-34　题 11 的图

12. 电路如图 3-35 所示，试求电流 I。

13. 电路如图 3-36 所示，已知 $R_1 = R_4 = 3\Omega$，$R_2 = R_3 = 6\Omega$，电流 $I = 12\text{A}$，试求电流 I_1、I_2。

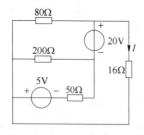

图 3-35　题 12 的图

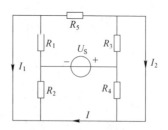

图 3-36　题 13 的图

14. 在图 3-37a 所示的电路中，已知：$R_1 = 3\text{k}\Omega$，$R_2 = 1\text{k}\Omega$，$R_3 = 0.25\text{k}\Omega$，$U_{S1} = 5\text{V}$，$U_{S2} = 1\text{V}$。VD 是半导体二极管，其伏安特性曲线如图 3-37b 所示。用图解法求出半导体二极管中的电流和两端电压 U，并计算其他两条支路的电流 I_1 和 I_2。

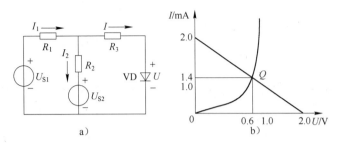

图 3-37 题 14 的图

15. 求图 3-38 所示电路中的电流 I。

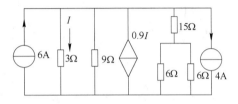

图 3-38 题 15 的图

第4章

正弦交流电路

交流电压与交流电流按一定的波形随时间周期性地改变其大小、极性和方向。从交流的波形来看，可分为正弦波和非正弦波两大类，正弦波是交流电路非常重要的基础，非正弦波可以认为是不同频率的正弦波的合成，所以本章特别介绍正弦波。本章还将介绍如何使用示波器显示与测量波形。

4.1 正弦电压和电流

正弦波是交流电流与交流电压的基本类型，在工矿企业以及日常生活中由电力公司提供的就是正弦波形式的电压和电流。因此，正弦交流电路是电工学中很重要的一个部分。**正弦交流电路**就是指含有正弦电源而且电路各部分所产生的电压和电流均按照正弦规律变化的电路。

正弦电压有两种来源：旋转电机（交流发电机）或者电子信号发生器。其中，交流发电机以电磁方式产生正弦波，而信号发生器是以电子方式产生正弦波的。它们是常用的正弦交流电源。正弦电压源的图形符号如图4-1所示。

图4-2所示为一般形状的正弦波形图，这个正弦波形既可以是交流电压也可以是交流电流。坐标的纵轴显示电压或者电流，横轴显示时间。应注意电压或者电流是如何随时间变化的。由零点开始，增长到正向最大值（峰值），返回到零，然后又增长到负向最大值（峰值），再次返回到零，由此完成了一个周期。

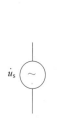

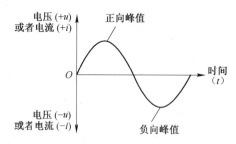

图4-1　正弦电压源的图形符号　　　　　图4-2　正弦波形图

正弦电压和正弦电流等物理量，常常统称为正弦量。正弦量的特征表现在大小、变化的快慢以及初始值三个方面，而它们分别是由幅值、频率和初相位来确定。所以，**幅值、频率、初相位就被称为正弦量的三要素**。

4.1.1 正弦量的方向

前面几章分析的是直流电路，除了在换路瞬间，电路中的电流和电压的大小与方向是不随时间而变化的。

在交流电路中，正弦量在零值时改变极性，即在正值和负值间交替变化。当正弦电压 u_s 应用到电阻电路时，如图 4-3 所示，产生一个交变的正弦电流曲线，当电压改变极性时，电流相应地改变方向。

在电压源 u_s 正半周内，电流的方向如图 4-3a 所示；在电压源 u_s 的负半周内，电流取相反的方向，如图 4-3b 所示。正半周和负半周的组合正好构成了正弦波的一个周期。

由于正弦波的方向是周期性变化的，所以在交流电路图中所标的方向是指它们的参考方向，即代表正半周时的方向；在负半周时，由于所标的参考方向与实际方向相反，则其值为负。

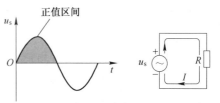

a) 正向电压：电流方向如图所示

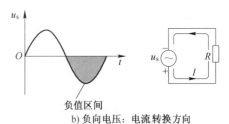

b) 负向电压：电流转换方向

图 4-3 正弦电压和电流

4.1.2 瞬时值

正弦量在任一瞬间的值称为瞬时值，用小写字母表示。如图 4-4 所示，在正向区间内瞬时值为正值，在负向区间内瞬时值为负值。电压和电流的瞬时值分别用小写字母 u 和 i 表示。在图 4-4b 中，当 $t=1\mu s$ 时，$u=3.1V$；当 $t=2.5\mu s$ 时，$u=7.07V$；当 $t=5\mu s$ 时，$u=10V$；当 $t=10\mu s$ 时，$u=0V$；当 $t=11\mu s$ 时，$u=-3.1V$ 等。

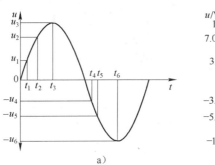

a)

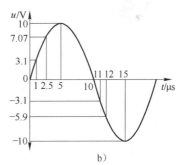

b)

图 4-4 正弦电压瞬时值

正弦电压瞬时值的数学表达式为

$$u = U_m \sin(\omega t + \psi_u)$$

式中，U_m 为电压幅值；ω 为角频率，$\omega = 2\pi f$，f 为频率；ψ_u 为电压初相位。

同样的，正弦电流和电动势瞬时值的数学表达式分别为

$$i = I_m \sin(\omega t + \psi_i)$$

$$e = E_m \sin(\omega t + \psi_e)$$

4.1.3 幅值

瞬时值中最大的正值或者负值称为幅值或者最大值、峰值，它是相对于零值而言的，常用带下标 m 的大写字母来表示，如 I_m、U_m 和 E_m 分别表示电流、电压及电动势的幅值。如图 4-5 所示，由于幅值的大小相等，所以正弦波采用一个单独的峰值表示此特征。

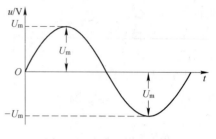

图 4-5　正弦电压的幅值

4.1.4 有效值

正弦电压、电流和电动势的大小往往不是用它们的幅值来表示，而是常用有效值（也叫方均根值）来计量的。

有效值实际上是用电流的热效应来度量的。直流电流和周期性变化的电流分别在相等的时间内通过同一电阻而两者的热效应相等，则此周期性变化的电流值可以看作与直流电流值相等。例如：将同一个电阻 R 连接到正弦交流电源 u 的两端，如图 4-6a 所示，电阻中将产生一定的热量，然后再将此电阻 R 连接到直流电压源 U_{DC} 的两端，如图 4-6b 所示，调整电源电压的值，使得两种情况下电阻在相同时间内发出同样大小的热能，则正弦交流电压的有效值就等于该直流电源的电压。

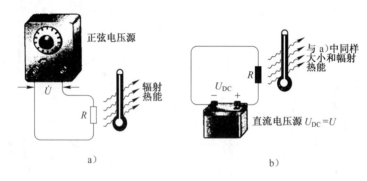

a)　　　　　　　　　　　　　　　b)

图 4-6　正弦电流有效值的测定

根据上述情况，有效值都用大写字母表示，和表示直流的字母一样。对于电压或者电流，正弦波的峰值可以转换为相应的有效值：

$$U = 0.707 U_m \qquad\qquad U_m = \sqrt{2} U \qquad\qquad (4-1)$$

$$I = 0.707 I_m \qquad\qquad I_m = \sqrt{2} I \qquad\qquad (4-2)$$

【例 4.1】 已知 $u = U_m \sin\omega t$，$U_m = 310V$，$f = 50Hz$，试求有效值 U 和 $t = 0.1s$ 时电压的瞬时值。

解：

$$U = 0.707 U_m = 0.707 \times 310V = 220V$$

$$u = U_m \sin 2\pi ft = 310 \times \sin 100\pi \times 0.1V = 0V$$

4.1.5 正弦量的周期

正弦量完成一个整周期的变化所需要的时间称为周期（T）。图 4-7 所示为正弦量的周期。通常正弦量以完全相同的周期连续重复自身，由于一个重复正弦波的所有周期都相同，所以对于给定的正弦量，周期总是固定值，如图 4-7 所示，可以用波形的过零点至下一个相应的过零点之间的时间间隔来测量正弦量的周期；还可以用给定周的任意峰值点至下一个周的相应峰值点之间的时间间隔来测量正弦量的周期。

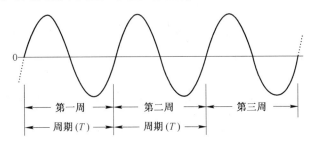

图 4-7　给定正弦波的周期是固定的

【例 4.2】　图 4-8 所示正弦波的周期是多少？

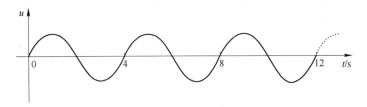

图 4-8　例 4.2 图

解：如图所示，12s 时间内完成了 3 个完整波形，因此，完成一周所需要的时间为 4s，这就是周期。

【例 4.3】　正弦波如图 4-9 所示，试给出测量其周期的三种方法。图中所示的波形有多少个周期？

解：方法 1：周期可以从一个过零点至下一周对应的过零点（两个过零点的斜率必须相同）进行测量。

方法 2：周期可以从一周的正向峰值点至下一周对应的正向峰值点进行测量；

方法 3：周期可以从一周的负向峰值点至下一周对应的负向峰值点进行测量；这些测量方法如图 4-10 所示，图中有两周期的正弦波。

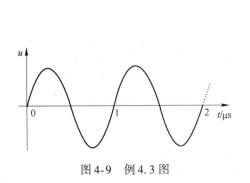

图 4-9　例 4.3 图

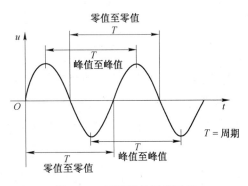

图 4-10　正弦波的周期测量

注意：在所使用的不同测量方法中，无论采用的是对应峰值点，还是对应的过零点，所获得的周期值是相同的。

相关问题：如果正向峰值发生在1ms，并且下一个正向峰值发生在2.5ms，那么周期是多少？

4.1.6 正弦量的频率

正弦量的频率 f 是指在1s时间内完成的正弦波的个数，它的单位是赫兹（Hz）。1s内完成的正弦波个数越多，则频率越高。

图4-11所示为两种频率的正弦波，图4-11a中的正弦波1s内完成两个完整的周波，图4-11b中的正弦波1s内完成四个完整的周波，因此，图4-11b中正弦波的频率是图4-11a中正弦波的两倍。

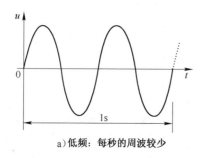 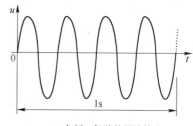

a）低频：每秒的周波较少　　　　　　　　b）高频：每秒的周波较多

图4-11　正弦波的频率

频率是周期的倒数，即

$$f = \frac{1}{T} \tag{4-3}$$

已知其中的一个，就可以计算出另一个来。

【例4.4】　如图4-12所示，哪个正弦波具有较高的频率？确定这两个正弦波的周期和频率。

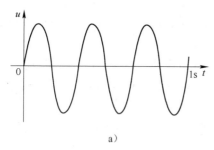 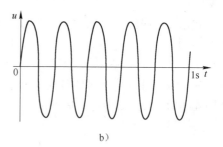

a）　　　　　　　　　　　　　　　b）

图4-12　例4.4的图

解：图4-12b所示的正弦波具有较高的频率，因为图4-12b所示的正弦波在1s内完成的周波数比图4-12a中的多。图4-12a中，3周经历了1s，因此，1周所经过的时间为0.333s，这就是它的周期 T。那么频率为

$$f = \frac{1}{T} = \frac{1}{333\,\mathrm{ms}} = 3\,\mathrm{Hz}$$

图4-12b中，5周经历了1s，因此，1周所经过的时间为0.2s，这就是它的周期 T。那么其频率为

$$f = \frac{1}{T} = \frac{1}{200\,\text{ms}} = 5\,\text{Hz}$$

【例 4.5】 已知某种正弦波的频率为 60Hz，那么其周期为多少？

解： 由式（4-3）可得

$$T = \frac{1}{f} = \frac{1}{60\,\text{Hz}} = 16.7\,\text{ms}$$

4.1.7 正弦量的相位

正弦量是随时间而变化的，要确定一个正弦量还必须从计时起点（$t = 0$）来度量。所取的计时起点不同，正弦量的初始值（$t = 0$ 时的值）就不同，到达幅值或某一个特定值所需的时间也就不同。然而，完成一个完整的周期或者周期的一部分所花时间是依赖于频率的，所以通常用度（°）或者弧度（rad）来描述正弦波上的点。1°相对应于一周期或者一个圆周的 1/360；1 弧度是当沿着圆周的弧长等于圆周的半径时所对应的角度。度和弧度的转换关系为

$$\text{rad} = \left(\frac{\pi\text{rad}}{180°}\right) \times 度数 \quad 或 \quad 度数 = \left(\frac{180°}{\pi\text{rad}}\right) \times \text{rad} \tag{4-4}$$

如前所述，正弦电压通过旋转的发电机产生，随着交流发电机的转子转过一个完整的圆周（360°），所得到的输出也是正弦波的一个完整周期，因此，如图 4-13 所示，正弦波的相位测量可与发电机旋转角度相联系。

正弦波的相位表示的是正弦波上的指定位置相对于参考位置的角度测量。如图 4-14 所示，作为参考相位的正弦波，水平轴第一个过零点在 0°（0rad），正向峰值在 90°（$\pi/2$rad）；负向过零点在 180°（πrad），负向峰值在 270°（$3\pi/2$rad）；完整周期在 360°（2πrad）完成。

用数学表达式表示： $u = U_\text{m} \sin\omega t$

它的初始值为零。其中，ω 为角频率，它与频率 f 的关系为

$$\omega = 2\pi f \tag{4-5}$$

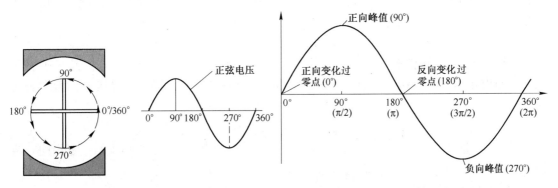

图 4-13　交流发电机的旋转与正弦波的关系　　　　图 4-14　正弦波的参考相位

当正弦波相对于参考相位左移或者右移时，称为相移。如图 4-15 所示，正弦波 B 向右移动 90°（$\pi/2$rad），因此，正弦波 A 和正弦波 B 之间的相位角为 90°。如果用时间来计算，

正弦波 B 的正向峰值出现的比正弦波 A 的正向峰值晚，这种情况下可以说是正弦波 B 滞后于正弦波 A 90°（π/2rad），或者说是正弦波 A 超前于正弦波 B 90°（π/2rad）。

正弦波 B 的数学表达式为

$$u = U_\mathrm{m}\sin(\omega t - 90°)$$

正弦电压的一般数学表达式为

$$u = U_\mathrm{m}\sin(\omega t + \psi) \qquad (4\text{-}6)$$

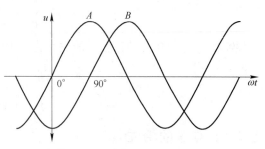

A 超前于 B 90°，或者 B 滞后于 A 90°

图 4-15　正弦波的相位关系

其中，角度（$\omega t + \psi$）称为正弦量的相位，它反映出正弦量变化的进程。当相位随着时间连续变化时，正弦量的瞬时值随之作连续变化。

$t = 0$ 时的相位角称为初相位角。在图 4-15 中正弦波 A 的初相位为零，正弦波 B 的初相位为 -90°。因此，所取计时起点不同，正弦量的初相位不同，其初始值也就不同。

【例 4.6】　如图 4-16 所示，正弦电压 A 与正弦电压 B 之间的相位角为多少？

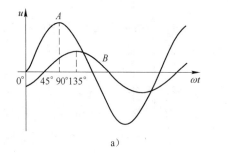
a)

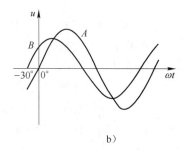
b)

图 4-16　例 4.6 的图

解： 在图 4-16a 中，正弦电压 A 的过零点在 0°，$u_\mathrm{A} = U_\mathrm{m}\sin\omega t$，正弦电压 B 相应的过零点在 45°，两个波形之间的相位角为 45°，且正弦电压 A 超前于正弦电压 B，即正弦电压 B 的数学表达式为

$$u_\mathrm{B} = U_\mathrm{m}\sin(\omega t - 45°)$$

在图 4-16b 中，正弦电压 B 的过零点是在 -30°，正弦电压 A 相应的过零点是在 0°，两个波形之间的相位角为 30°，而且正弦电压 B 超前于正弦电压 A，则正弦电压 B 的数学表达式为

$$u_\mathrm{B} = U_\mathrm{m}\sin(\omega t + 30°)$$

在一个正弦交流电路中，电压 u 和电流 i 的频率是相同的，但是初相位不一定相同。两个同频率正弦量的相位角之差称为相位差，用 φ 表示。

如图 4-17 所示，图中 u 和 i 的波形可用下列表达式表示：

$$u = U_\mathrm{m}\sin(\omega t + \psi_1)$$

$$i = I_\mathrm{m}\sin(\omega t + \psi_2)$$

其中，电压的初相位为 ψ_1，电流的初相位为 ψ_2。

u 和 i 之间的相位差为

$$\varphi = (\omega t + \psi_1) - (\omega t + \psi_2) = \psi_1 - \psi_2$$

当两个同频率正弦量的计时起点改变时，它们的相位和初相位随之改变，但是两者之间的相位差仍保持不变。

【例 4.7】 如图 4-18 所示，正弦电流 i_1、i_2、i_3 之间的相位差分别为多少？

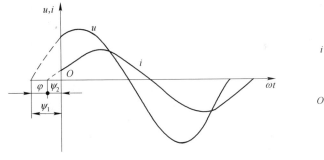 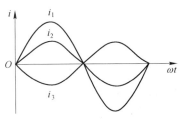

图 4-17　同频率的正弦电压和正弦电流　　　　图 4-18　例 4.7 的图

解： 图中，i_1 和 i_2 具有相同的初相位，即 $\psi_1 = 0°$，$\psi_2 = 0°$，则 $\varphi = 0°$，两者同相。
i_3 滞后了半个周期，初相位为 $-180°$，则 i_1 和 i_3 之间的相位差为 $\varphi = 180°$，两者反相。

4.2　常用交流仪器

4.2.1　信号发生器

信号发生器又称为信号源或振荡器，在生产实践和科技领域中有着广泛的应用。各种波形曲线均可以用三角函数方程式来表示。我们将能够产生多种波形信号，如三角波、锯齿波、矩形波（含方波）、正弦波的电路称为函数信号发生器。函数信号发生器在电路实验和设备检测中具有十分广泛的用途。

对于信号发生器的每种类型输出，都需要采用示波器来显示输出波形，测量最小和最大频率、幅值、直流偏置以及脉冲波形的占空比。

信号发生器如图 4-19 所示，主要分为下面几个部分。

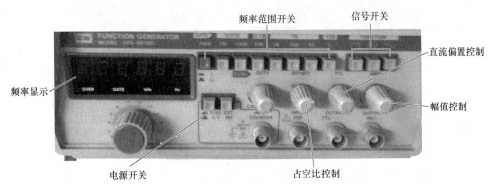

图 4-19　典型函数信号发生器的面板

1）电源开关：接通信号发生器的电源。

2）信号开关：按下开关中的一个，可以任意选择正弦波、三角波或者脉冲输出中的一个。同一时间只有一个开关能够工作。

3）频率范围开关：这些开关用于进行频率调整控制，可以选择适当的频率范围，在 1Hz~1MHz 之间变化，增量为 10 倍频程。

4）幅值控制：可以调整输出信号的电压幅值，逆时针旋转为减小，顺时针旋转为增大。

5）直流偏置控制：调整交流输出的直流电平。可以给波形加上一个正的或者负的直流电平。

6）占空比控制：调整脉冲波形输出的占空比。正弦波或者三角波输出不受此控制影响。

4.2.2 示波器

示波器是一种应用广泛的多功能测试仪器，可以认为示波器实质上是一种显示器，能在屏幕上显示交变电压的实际波形，可以直观地显示波形是如何随时间变化的，从而完成波形幅值、周期等参数的测量以及与其他波形之间的比较。

目前常用的示波器主要分为模拟示波器和数字示波器。早期示波器只显示电压随时间的变化，作定性地观察。随后，改进的示波器具备定量的功能，测量幅度和时间以及它们的变化情况。20 世纪 80 年代示波器引入数字处理和微处理器，出现数字示波器。现在也把模拟示波器称为**模拟实时示波器（ART）**，数字示波器称为**数字存储示波器（DSO）**。

1. 模拟示波器

典型的双通道模拟示波器的操作面板如图 4-20 所示。主要分为基本显示部分、双通道的垂直控制部分和水平控制部分、测量电压幅值和周期的测量部分以及外部触发部分。

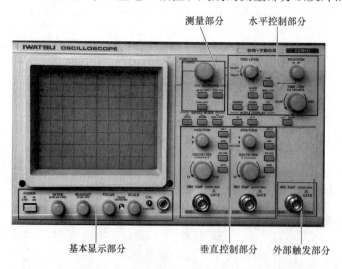

图 4-20　双通道模拟示波器的操作面板

下面简要讨论一下示波器的基本操作，参照专用的示波器说明书可以全面了解示波器的相关操作和功能。

（1）**基本显示操作部分** 基本显示部分的操作面板如图 4-21 所示。

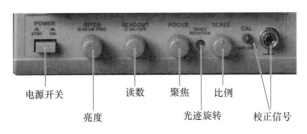

电源开关　　　　读数　　聚焦　　比例　　　校正信号
　　　　亮度　　　　　　　光迹旋转

图 4-21　基本显示部分的操作面板

1）**亮度**：亮度控制旋钮可以改变屏幕显示波形轨迹的明亮程度。

2）**聚焦**：聚焦控制旋钮可以在屏幕上将电子束聚焦成一个很小的点，聚焦不好时将产生模糊的电子束轨迹。

3）**光迹旋转**：需要使用专用工具操作。当屏幕上显示的水平轨迹产生歪斜时，可以使用此控制进行波形的水平校准。

4）**校正信号**：1000Hz、0.6V 的方波信号。

（2）**垂直控制部分** 垂直控制部分的操作面板如图 4-22 所示。

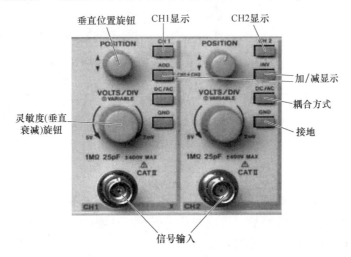

　　　垂直位置旋钮　CH1显示　　　CH2显示

　　　　　　　　　　　　　　　　　　　加/减显示
　　　　　　　　　　　　　　　　　　　耦合方式
灵敏度(垂直
　衰减)旋钮　　　　　　　　　　　　接地

信号输入

图 4-22　垂直控制部分的操作面板

在垂直控制部分中，两个通道（CH1 和 CH2）具有相同的操作。

1）**垂直位置旋钮（POSITION）**：可以将波形在屏幕上沿着垂直方向上下移动。

2）**垂直衰减旋钮（VOLTS/DIV）**：共有两个，每个旋钮控制一个通道中信号的衰减或者放大，从而调整屏幕上每个垂直刻度所表示的电压数值。此数值显示在屏幕下方，可以直接读出。

3）**信号输入（CH1、CH2）**：显示的信号电压被接入通道 1（CH1）或者通道 2（CH2），这些输入是通过衰减探针接入的，以减小示波器测试时对电路的负载效应。

4）**探针衰减**：所有的示波器探针都有一个衰减因子，用来指明将输入信号减少到多少。普通类型的示波器通过 10 倍探针来衰减信号电压。1 倍探针表示不衰减输入信号，10 倍探针表示对信号的衰减因子为 10。**衰减因子越大，示波器测试的电路负载越小，精确度**

越高。当测量非常小的电压时，有时也使用 1 倍探针。高频时对电压测量一般不衰减，并且测量时趋于增加测试电路的负载。

5）模式按钮：

① CH1、CH2：显示两个通道信号中的一个，或者同时显示两个通道的信号。

② ADD：将两个通道的波形叠加。

③ INV：将通道 2 的信号进行反转。

④ 耦合方式（DC/AC）：在直流和交流耦合模式间进行功能选择。DC 耦合：同时显示输入信号的直流部分和交流部分。AC 耦合：输入信号的直流部分被抑制，只显示交流部分。

⑤ GND：接地。

（3）水平控制部分　水平控制部分的操作面板如图 4-23 所示。

水平控制部分是应用于两个通道的，主要分为扫描控制部分和触发部分。

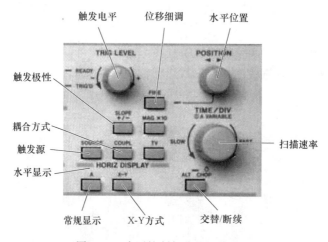

图 4-23　水平控制部分的操作面板

1）水平位置旋钮可以将屏幕上显示的波形沿水平方向左右移动。

2）扫描速率（TIME/DIV）旋钮可以调整每个水平刻度或者主时间基线所表示的时间，引起波形相对于屏幕中心扩张或者收缩。

3）位移细调旋钮用于时基校准和微调。沿顺时针方向旋到底处于校准位置时，屏幕上显示的时基值与波段开关所示的标称值一致。逆时针旋转旋钮，则可对时基进行微调。旋钮拔出后处于扫描扩展状态，通常为 ×10 扩展，即水平灵敏度扩大 10 倍，时基缩小到 1/10。

4）X-Y 方式：此方式只适用于 CH1 和 CH2。选择此方式后，水平轴上显示 CH1 电压，垂直轴上显示 CH2 电压。

5）触发源：触发控制允许示波器选择触发源，可以由输入通道（CH1、CH2）、外部信号（EXT、EXT/5）或者线电压引起触发。典型的触发模式为正常、自动、单扫和 TV。

"正常"模式下，必须要有触发信号才能产生扫描。通常采用来自 Y 轴或外接触发源的输入信号进行触发扫描，是常用的触发扫描方式。"自动"模式下，可以缺乏适当的触发信号，扫描处于自动状态，不必调整电平旋钮，也能观察到稳定的波形，操作方便，有利于观察较低频率的信号。"单扫"模式下，每当示波器检测到有触发信号输入时，产生一次触发，采样并显示所采集到的波形，然后停止。"**TV**"**模式**下，通过在触发电路中放置一个低通滤波器，由电视场或者行信号产生稳态触发。

6）**触发极性（斜坡）开关（SLOPE +／−）**：设置触发器是在三角波形的正向斜坡或是负向斜坡触发。在"＋"位置时选用触发信号的上升部分，在"−"位置时选用触发信号的下降部分对扫描电路进行触发。

（4）**测量部分** 测量部分的操作面板如图 4-24 所示。

1）**功能旋钮（粗调）**：将所选择的光标在屏幕上上下移动。

2）**光标测电压或者时间（ΔV-Δt-OFF）**：可以根据测量的要求（测量电压或者测量时间），将光标调整成水平位置或垂直位置。

3）**测量光标选择（TCK/C2）**：可以选择显示光标 1、光标 2 或者光标 1 和 2 同时出现。

2. 示波器的测试应用

（1）**电压的测量——直接测量法** 利用示波器所做的任何测量，都可以归结为对电压的测量。示波器可以测量各种波形的电压幅度，

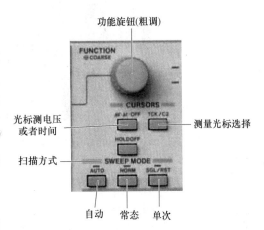

图 4-24 测量部分的操作面板

既可以测量直流电压和正弦电压，又可以测量脉冲或非正弦电压的幅度。更有用的是它可以测量一个脉冲电压波形各部分的电压幅值，如上冲量或顶部下降量等，这是其他任何电压测量仪器都不能比拟的。

直接测量法，就是直接从屏幕上量出被测电压波形的高度，然后换算成电压值。定量测试电压时，一般把输入通道的灵敏度开关的微调旋钮转至"校准"位置上，这样，就可以根据"VOLT/DIV"的指示值和被测信号占取的纵轴坐标值直接计算被测电压值。所以，直接测量法又称为标尺法。

1）**直流电压的测量**。将输入通道（CH1）的模式开关置于"GND"位置，触发方式开关置于"自动"位置，使屏幕显示一水平扫描线，此扫描线便为零电平线。

将输入通道（CH1）的耦合方式开关置于"DC"位置，在 CH1 通道输入被测电压，释放 GND，再按下 GND，观察屏幕上图形轨迹的变化，此时，扫描线在 Y 轴方向产生跳变位移，读出被测电压值。

直接测量法简单易行，但误差较大。产生误差的因素有读数误差、视差和示波器的系统误差（衰减器、偏转系统、示波管边缘效应）等。

2）**交流电压的测量**。将输入通道的耦合方式开关置于"AC"位置，显示出输入波形的交流成分。如交流信号的频率很低时，则应将 Y 轴输入耦合方式开关置于"DC"位置。

调整位移旋钮将被测波形移至示波管屏幕的中心位置，用"VOLT/DIV"开关将被测波形控制在屏幕有效工作面积的范围内，移动上下测量光标，使得光标 1 和光标 2 分别位于波形的上下最高点，如图 4-25 所示，则被测电压的峰-峰值可以在屏幕下方直接读出。

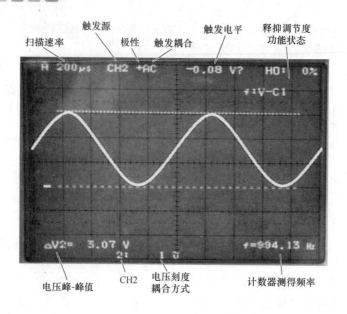

图 4-25　交流电压的测量

（2）**时间的测量**　示波器时基能产生与时间呈线性关系的扫描线，因而可以用荧光屏的水平刻度来测量波形的时间参数，如周期性信号的重复周期、脉冲信号的宽度、时间间隔、上升时间（前沿）和下降时间（后沿）、两个信号的时间差等等。

将示波器的扫描速率开关（"TIME/DIV"）的"微调"装置转至校准位置时，显示的波形在水平方向刻度所代表的时间可按"TIME/DIV"开关的指示值直接读出计算，从而较准确地求出被测信号的时间参数。

（3）**相位的测量——双踪法**　利用示波器测量两个正弦电压之间的相位差具有实用意义，用计数器可以测量频率和时间，但不能直接测量正弦电压之间的相位关系。

双踪法是用双踪示波器在荧光屏上直接比较两个被测电压的波形来测量其相位关系。测量时，将相位超前的信号接入 CH1 通道，另一个信号接入 CH2 通道。选用 CH1 触发。调节"TIME/DIV"开关，使被测波形的一个周期在水平标尺上准确地占满 8DIV，这样，一个周期的相角 $360°$ 被 8 等分，每 1DIV 相当于 $45°$。读出超前波与滞后波在水平轴的差距 T，按下式计算相位差 φ：$\varphi = 45°/\text{DIV} \times T$（DIV）

如 $T = 1.5\text{DIV}$，则 $\varphi = 45°/\text{DIV} \times 1.5\text{DIV} = 67.5°$

（4）**频率的测量——周期法**　对于任何周期信号，可用前述的时间间隔的测量方法，先测定其每个周期的时间 T，如图 4-26 所示，再用下式求出频率 f：

$$f = 1/T$$

3. 数字示波器

数字示波器因其具有波形触发、存储、显示、测量、波形数据分析处理等独特优点，其使用日益普及。

典型的双踪数字示波器的操作面板如图 4-27 所示。

双踪数字示波器的操作面板分为垂直控制部分、水平控制部分、触发控制部分和运行控制部分。功能比模拟示波器强大，具有一些模拟示波器所没有的自动测量、菜单选择、屏幕显示的参数设置以及一些其他的功能。具体的操作方法可以参照示波器的说明书。

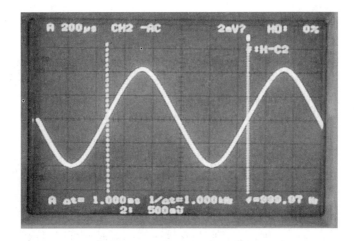

图 4-26 周期、频率的测量

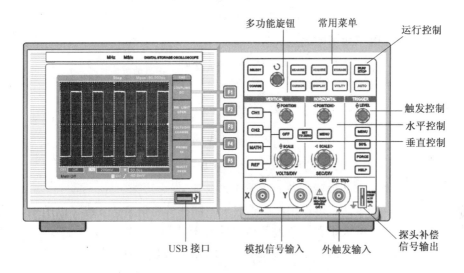

图 4-27 双踪数字示波器的操作面板

4.3 正弦量的相量表示法

前面说过，一个正弦量具有幅值、频率和初相位三个要素，这三个特征可以用正弦波形图和三角函数表达式来表示。此外，正弦量还可以用相量来表示。相量是具有大小和方向（相角）的物理量，可以用绕着固定点逆时针旋转的箭头图形化表示。如图 4-28 所示，正弦波的一个完整周期能够看做是相量经过 360° 的旋转在纵轴上的投影所得，其中，正弦波相量的长度为它的幅值，旋转到的位置为相角。

在图 4-28 中，若相量的末端映射到曲线图中，曲线图的相位角沿着水平轴延伸，正弦量的轨迹即为相量的末端在纵轴上的投影，在相量的每个角度位置，均有相应的大小。在 0° 和 180° 时，正弦量在纵轴上的投影等于 0，在 90° 和 270° 时，正弦量在纵轴上的投影为最大值，即正弦量的幅值，并且等于相量的长度。

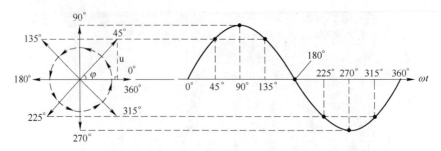

图 4-28　用旋转相量来表示正弦量

在相量位于 45° 时，正弦量在这个点的瞬时值与相量的位置（角度）和长度（幅值）相关。由相量末端向水平轴作垂直线时，就构成了一个直角三角形，根据三角函数，直角三角形的对边等于斜边乘以 $\sin\varphi$，因此，正弦量在这一点的瞬时值可以表示为

$$u = U_m \sin\varphi$$

因此，对于频率相同的正弦量，其瞬时值由幅值和初相位就可以确定。

通常，正弦电压的三角函数表达式为

$$u = U_m \sin(\omega t + \psi)$$

其相应的相量表达式为

$$\dot{U} = U\underline{/\psi} \qquad 或 \qquad \dot{U}_m = U_m\underline{/\psi} \tag{4-7}$$

对应于复平面上，利用三角函数，相量表达式又可以写成

$$\dot{U} = U\underline{/\psi} = U(\cos\psi + j\sin\psi) \tag{4-8}$$

注意：相量只是表示正弦量，而不是等于正弦量。

正弦量的三角函数表达式可以用波形图表示，同样，相量表达式也可以用相量图的形式表示。按照各个正弦量的大小和相位关系画出的若干个频率相同的相量图形，称为**相量图**。它能形象地看出每个正弦量的大小关系和相互间的相位关系。对于上式所示的正弦电压，其相量图如图 4-29 所示。

图 4-29　相量图　　　　　　　　图 4-30　例 4.8 的图

注意：只有正弦量才能用相量表示，而且只有同频率的正弦量才能画在同一个相量图上，不同频率的正弦量不能画在同一个相量图上，否则就无法比较和计算。

【例 4.8】　在图 4-30 所示的电路中，设

$$i_1 = 100\sin(\omega t + 45°)\,\text{A}$$

$$i_2 = 60\sin(\omega t - 30°)\,\text{A}$$

求：（1）总电流 i，并用三种方式表示。

（2）画出三个电流的相量图。

解：（1）由基尔霍夫电流定律可知 $i = i_1 + i_2$，转化成相量表示：

$$\dot{I}_{1m} = 100 \underline{/45°}\ A \qquad \dot{I}_{2m} = 60 \underline{/-30°}\ A$$

$$\dot{I}_m = \dot{I}_{1m} + \dot{I}_{2m} = 100 \underline{/45°}\ A + 60 \underline{/-30°}\ A$$

$$= 100(\cos 45° + j\sin 45°)\ A + 60(\cos 30° - j\sin 30°)\ A$$

$$= (70.7 + j70.7)\ A + (52 - j30)\ A = 122.7A + j40.7A = 129 \underline{/18.2°}\ A$$

总电流的三角函数表示：

$$i = 129\sin(\omega t + 18.2°)\ A$$

波形图如图 4-31 所示。

（2）电流的相量图如图 4-32 所示。

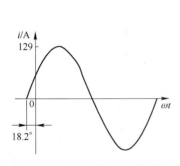

图 4-31　总电流的正弦波形图

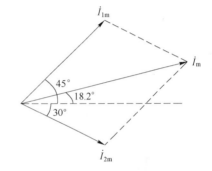

图 4-32　电流相量图

4.4 电阻元件的交流电路

4.4.1 电阻元件的欧姆定律

当正弦电压应用到电阻电路中，电路中的电流为正弦电流。当电压为零时，电流为零，电压为最大值时，电流为最大值，当电压改变极性时，电流随之转变方向，因此，电压和电流相互间的关系为**同相**。

假设 $i = I_m \sin\omega t$ 为正弦参考量，根据欧姆定律，可得

$$u = Ri = RI_m \sin\omega t = U_m \sin\omega t$$

电阻元件的电压和电流为同频率的正弦量。用相量形式表示：

$$\dot{U} = R\dot{I} = U\underline{/0°}$$

电阻元件的交流电路、波形图和相量图如图 4-33 所示。

在电阻元件的交流电路中应用欧姆定律时，一定要注意：电压和电流的表达方式必须一致，即幅值、有效值、瞬时值以及相量式都必须相对应，即

$$u = Ri \qquad U = RI \qquad U_m = RI_m \qquad \dot{U} = R\dot{I} \qquad (4-9)$$

同样，基尔霍夫电压定律和电流定律既可以应用于交流电路，也可以应用于直流电路。

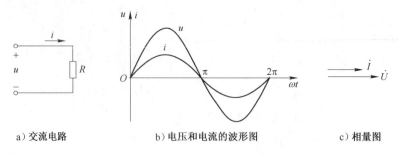

a) 交流电路   b) 电压和电流的波形图   c) 相量图

图 4-33   电阻元件的交流电路、波形图和相量图

【例 4.9】   已知 $R_1 = 500\Omega$，$R_2 = 330\Omega$，$R_3 = 160\Omega$，图 4-34 所示电路中给出的所有值均为有效值。试求：（1）图 4-34a 中未知的电压幅值和电路中电流幅值；

（2）图 4-34b 中总电流的有效值。

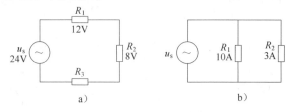

图 4-34   例 4.9 的图

解：（1）应用基尔霍夫定律求 U_3。

$$\dot{U}_S = \dot{U}_1 + \dot{U}_2 + \dot{U}_3 = U_1 \underline{/0°} + U_2 \underline{/0°} + U_3 \underline{/0°}$$

$$U_3 = U_S - U_1 - U_2 = 24V - 12V - 8V = 4V$$

将有效值转换成幅值：

$$U_{3m} = 1.414 \times U_3 = 1.414 \times 4V = 5.66V$$

应用欧姆定律求电流有效值：

$$I = \frac{U}{R_1 + R_2 + R_3} = \frac{24V}{500\Omega + 330\Omega + 160\Omega} = 0.0242A = 24.2mA$$

将有效值转换成幅值：

$$I_m = \sqrt{2}\,I = 1.414 \times 24.2mA = 34.2mA$$

（2）应用基尔霍夫电流定律求电路的总电流 I。

$$I = I_1 + I_2 = 10A + 3A = 13A$$

4.4.2   电阻元件的功率

在知道了电阻元件上的电压与电流的变化规律及相互关系以后，便可以计算出电路中的功率。

1. 瞬时功率

在任意瞬间，电压瞬时值 u 和电流瞬时值 i 的乘积，称为瞬时功率，用小写字母 p 表示。

$$p = p_R = ui = U_m \sin\omega t I_m \sin\omega t = \frac{U_m I_m}{2}(1 - \cos 2\omega t)$$

$$= UI(1 - \cos 2\omega t)$$

由上式可见，p 是由两部分组成的，第一部分是常数 UI，第二部分是随时间而变化的交变量 $UI\cos 2\omega t$，其幅值为 UI，角频率为 2ω。电阻元件交流电路的功率波形图如图 4-35 所示。

由于电阻元件的交流电路中 u 和 i 同相，它们同时为正，同时为负，所以瞬时功率总是正值，即 $p \geqslant 0$。瞬时功率为正值，表示外电路从电源取用能量，即电阻元件从电源取用电能而转换为热能。

2. 平均功率

一个周期内电路消耗电能的平均速度，即瞬时功率的平均值，称为**平均功率**，用大写字母 P 表示。在电阻元件的交流电路中，平均功率为

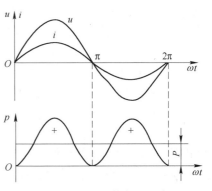

图 4-35　电阻元件交流电路的功率波形图

$$P = \frac{1}{T}\int_0^T p\,\mathrm{d}t = \frac{1}{T}\int_0^T UI(1-\cos 2\omega t)\,\mathrm{d}t \tag{4-10}$$

$$= UI = RI^2 = \frac{U^2}{R}$$

【例 4.10】 将一个 100Ω 的电阻元件接到频率为 $50\mathrm{Hz}$、电压有效值为 $10\mathrm{V}$ 的正弦交流电源上，问电阻上通过的电流是多少？如果保持电压有效值不变，而电源频率改变为 $5000\mathrm{Hz}$，这时电阻上的电流又将为多少？

解： 设交流电压的相量表达式为 $\dot{U} = U\underline{/\psi} = 10\underline{/0°}\ \mathrm{V}$

根据电阻元件的欧姆定律，可以求出电阻上通过的电流为

$$\dot{I} = \frac{\dot{U}}{R} = \frac{10\underline{/0°}\ \mathrm{V}}{100\Omega} = 0.1\mathrm{A} = 100\mathrm{mA}$$

因为电阻与频率无关，所以当电压有效值保持不变时，电阻上通过的电流仍然保持不变，即 $I = 100\mathrm{mA}$。

4.5　电容元件的交流电路

在直流电路中介绍了电容器具有阻断恒定直流电的特性。在交流电路中，电容器可以通过交流电，其阻碍作用的大小取决于交流电的频率。

4.5.1　电容元件的欧姆定律

将一个线性电容元件连接到正弦电压源，如图 4-36 所示，就构成一个电容元件的交流电路。当电源电压保持恒定不变，而频率增加时，可以看到电流的有效值增加；当电源频率降低时，电流的有效值减小。

如果正弦电压的大小保持恒定，而电路中电流大小随着频率的增加而增加，说明电容器对交流电流的

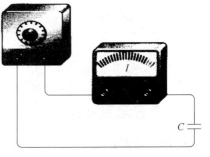

图 4-36　电容元件的交流电路

阻碍作用减小，因此，电容器对交流电流有阻碍作用，并且这种阻碍作用与频率成反比。**电容器对正弦交流电流的阻碍作用称为容抗**，用 X_C 表示，单位为欧姆（Ω）。

将正弦电压源的大小和频率保持不变，改变电容器的大小，可以看出，当电容值增加时，电路中电流增加，即电容器对电流的阻碍作用减小，因此，容抗不仅仅与频率成反比，也与电容值成反比。它们的关系如下：

$$X_C = \frac{1}{2\pi f C} = \frac{1}{\omega C} \tag{4-11}$$

当 f 的单位为赫兹、C 的单位为法拉时，X_C 的单位为欧姆。当正弦电压 U 和电容 C 一定时，容抗 X_C 和电流 I 与频率 f 的关系如图 4-37 所示。

电容元件对高频电流所呈现的容抗很小，可以视作短路；而对直流（$f = 0$）所呈现的容抗 $X_C \to \infty$，可以视为开路。因此，**电容元件具有隔直通交的作用。**

由于电容器存储电荷的多少取决于电容器上的电压（$Q = U_C$），因此，电荷由一块极板移动到另一块极板的速率（$Q/t = I$）决定了这一点的电压变化。在过零点，曲线的变化速率与曲线上其他点相比，变化速率最大，即电流的变化速率最大，则电压达到其最大值；当电流的变化率最小时（零值发生在峰值处），电压的值最小。**这种电压和电流的关系可以用示波器观察出来，电流的峰值发生在超前于电压峰值四分之一周期的地方，即电容器中通过的交流电流超前于其交流电压 90°，如图 4-38 所示。**用相量表达式可以表示为

$$\dot{U} = -\mathrm{j}X_C \dot{I} = -\mathrm{j}\frac{\dot{I}}{\omega C} \tag{4-12}$$

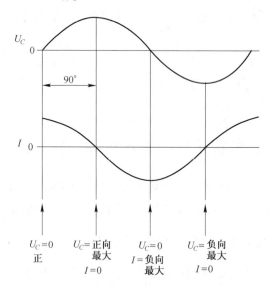

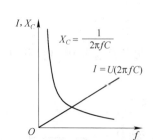

图 4-37 X_C 和 I 与 f 关系曲线　　　　图 4-38 电容元件中交流电压和电流的相位关系

4.5.2 电容元件的功率

1. 瞬时功率 p

已知电容器中电压 u 和电流 i 的变化规律与相互关系之后，便可求出瞬时功率 p 的变化

规律，即

$$p = ui = U_m \sin\omega t I_m \sin(\omega t + 90°) = UI\sin 2\omega t$$

在 u 或者 i 等于零的点，p 等于零；当 u 和 i 均为正值或者负值时，p 为正值，表示电容元件从电源取用电能而储存能量；当 u 和 i 中任一个为负值时，p 为负值，表示电容元件在释放所储存的能量。如图4-39所示，可以看出，功率的变化速率是电容电压或者电流变化的2倍，能量也随之交替地存储和释放。

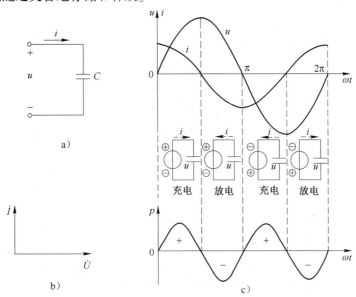

图4-39　电容元件中的功率

2. 有功功率 P

理想情况下，电容元件在功率周期的正半部分存储的所有能量，将在负半周期中释放回电源，因此，一个理想的电容元件并不消耗能量，它仅仅是暂时存储能量，并没有能量转换为热能的消耗，所以电容的有功功率（一个周期内的平均功率）P 为零。

即 $$P = 0 \tag{4-13}$$

3. 无功功率 Q

电容元件存储或者释放能量的规模称为无功功率 Q。无功功率是一个非零的量，它并不表示能量的丢失。但是对电源来说，这也是一种负担，对储能元件本身来说，没有消耗能量，因此，将往返于电源和储能元件之间的功率称为无功功率，通常规定无功功率等于瞬时功率的幅值，即

$$Q_C = -UI = -X_C I^2 \tag{4-14}$$

式中，负号仅仅表示为电容性无功功率，与后面要讨论的电感性无功功率相区别。无功功率的单位为乏（var）。

【**例4.11**】　将一个 $25\mu F$ 的电容元件接到频率为50Hz、电压有效值为10V的正弦电源上，试求电路中的电流、有功功率和无功功率分别是多少？如果保持电压值不变，而电源频率变为5000Hz，这时电路中的电流以及功率又将变为多少？

解法1：当 $f = 50Hz$ 时，可得

$$X_C = \frac{1}{2\pi fC} = \frac{1}{2 \times 3.14 \times 50 \times 25 \times 10^{-6}}\Omega = 127.4\Omega$$

$$I = \frac{U}{X_C} = \frac{10\text{V}}{127.4\Omega} = 0.078\text{A} = 78\text{mA}$$

对于理想电容元件，有功功率总是为零，即 $\quad P = 0\text{W}$

$$Q_C = UI = 10\text{V} \times 0.078\text{A} = 0.78\text{var}$$

当 $f = 5000\text{Hz}$ 时，可得

$$X_C = \frac{1}{2\pi fC} = \frac{1}{2 \times 3.14 \times 5000 \times 25 \times 10^{-6}}\Omega = 1.274\Omega$$

$$I = \frac{U}{X_C} = \frac{10\text{V}}{1.274\Omega} = 7.8\text{A}$$

$$Q_C = UI = 10\text{V} \times 7.8\text{A} = 78\text{var}$$

解法 2：相量法。

电容在正弦交流电路中的容抗为 $-jX_C$，根据欧姆定律可得

$$\dot{I} = \frac{\dot{U}}{-jX_C}$$

假设电压的相位为0°，则 $\dot{U} = U \underline{/0°}$

当 $f = 50\text{Hz}$ 时，可得

$$X_C = \frac{1}{2\pi fC} = \frac{1}{2 \times 3.14 \times 50 \times 25 \times 10^{-6}}\Omega = 127.4\Omega$$

$$\dot{I} = \frac{\dot{U}}{-jX_C} = \frac{10\underline{/0°}\text{V}}{-j127.4\Omega} = \frac{10\underline{/0°}\text{V}}{127.4\underline{/-90°}\Omega} = 78\underline{/90°}\text{mA}$$

当 $f = 5000\text{Hz}$ 时，可得

$$X_C = \frac{1}{2\pi fC} = \frac{1}{2 \times 3.14 \times 5000 \times 25 \times 10^{-6}}\Omega = 1.274\Omega$$

$$\dot{I} = \frac{\dot{U}}{-jX_C} = \frac{10\underline{/0°}\text{V}}{-j1.274\Omega} = 7.8\underline{/90°}\text{A}$$

可见，在正弦电压有效值一定时，频率越高，则电容元件中通过的正弦电流有效值越大。

4.5.3 电容元件的应用

电容元件在电子电路和电子设备中被广泛使用。如果随意拿起一块电路板，打开任意电源，或者看看电子设备的内部，很容易找到这种或者那种类型的电容器。下面简要列举几种电容元件的应用。

1. 电存储器

电容元件的一个最为基本的应用是作为低功率电路的备份电压源，例如计算机中某些类型的半导体存储器等。这种特殊的应用要求有非常高的电容值以及很小的、可以忽略不计的泄漏。

储能电容器连接于输入电路的直流电源和地之间，当电路由常规电源供电时，电容器对直流电压源保持完全充电状态。如果断开常规电源，从电路中移除有效的电源，只要电容器的电荷保持足够，电容器就可以向电路提供电压和电流，当电流由电路流出时，电荷由电容

器移出，电压下降，因此，储能电容器仅可以暂时性地成为电路的电源。电容器能够向电路提供充足功率的时间取决于电容和电路中电流的大小，当电流越小并且电容越大时，电容器能够对电路提供功率的时间越长。

2. 电源滤波

由于电容元件能够存储电荷，所以在直流电源中也用做滤波器。基本的直流电源是由整流电路加上滤波电路组成。整流电路可以将正弦交流电压转换为脉动直流电压。电容滤波可以从充电和放电的角度来描述：假设电容器开始时没有被充电，当电源首次接通且第一个整流电压周期到来时，电容器将快速充电，其电压将跟随整流电压达到其电压的峰值，当整流电压经过峰值并且开始下降时，电容器将开始非常缓慢地经过负载电阻进行放电，电压下降幅度比整流电压小很多，如图 4-40 所示，通常放电量非常小。

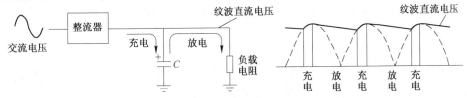

图 4-40　电容滤波器的基本工作原理

在整流电压的下一个周期中，电容器将重新进行充电，达到峰值，当整流电压经过峰值下降时，电容器开始再次放电，只要整流电路电源接通，这种小量的充放电模式将一直持续下去。这种由于电容元件的充放电产生的较小的电压波动称为纹波电压。电源滤波电容的放电时间长短取决于其电容和负载电阻的大小。

3. 隔直通交

实际中普遍使用电容元件来阻止电路中某一部分的直流电压对另一部分的直流电压的影响。例如：在二级放大电路中使用电容器连接两级电路，可以防止第一级的直流输出影响第二级电路的直流输出，如图 4-41 所示。

如果一个正弦电压信号输入到第一

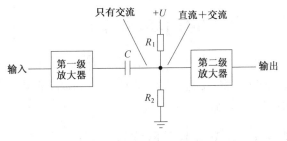

图 4-41　电容器的隔直通交作用

级放大器，信号电压放大，放大后的电压信号经过电容耦合作为第二级放大器的输入，叠加到第二级放大器的输入电压上再经过第二级放大器放大输出。只要电容元件的数值足够大，电容对信号的频率响应可以忽略不计，信号通过电容器之后不受影响。在这样的应用电路中，电容被称为耦合电容。

4. 电源线去耦合

连接在电源线到地之间的电容，在电路中主要用于过滤直流电压中由于快速开关数字电路而出现的瞬时电压或者尖峰信号。这些瞬时电压中含有可能影响电路工作的高频成分，通过非常小的去耦电容短接到地。

5. 旁路

在电路中，旁路电容器常用于旁路电阻上的交流电压，而不影响电阻上的直流电压。例如，在放大器电路中，为了保证放大器正常工作，一些偏置电压必须是直流量，任何交流成分必须被过滤掉。因此在偏置点和地之间引入一个足够大的电容，形成一个交流电压对地的低电抗旁路，从而只剩下直流偏置电压，如图 4-42 所示。当频率降低时，由于旁路电容器的电抗增加，故其有效性减小。

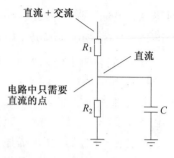

图 4-42 旁路电容器的作用

6. 信号滤波器

由于容抗和频率成反比，因此，电容器常与电阻、电感以及其他元件一起使用，从范围很宽的不同频率信号中选择某个特定频率的交流信号，或者选择一定的带通信号而过滤其他频率的信号。例如：无线电广播和电视接收器必须能选择某个台发射的信号，而过滤掉频率范围内其他台发射的信号。人们调台或者转换电视频道，其实就是改变调谐电路的电容（这是一类滤波器），以便通过接收电路从想要的电台或者电视频道得到所希望的信号。

7. 计时电路

电容器另外一个重要的应用领域就是计时电路，通过选择合适的 R 和 C 的值，就可以控制时间常数。例如：汽车的控制指示灯电路，那些指示灯以固定的时间间隔点亮或者熄灭。

8. 计算机存储器

计算机动态存储器应用电容器作为二进制信息基本存储单元，它由 0 和 1 两个数字构成。充电的电容器可以表示存储了 1，放电的电容器可以表示存储了 0，1 和 0 组成二进制数据的模式存储在存储器中，存储器由一组电容器以及相关电路组成。

4.6 电感元件的交流电路

将一个线性电感元件连接至正弦电压源，如图 4-43 所示，当电源电压的有效值保持恒定不变，而频率增加时，电感元件中通过的交流电流有效值减小；当电源频率降低时，电流的有效值增加。

4.6.1 电感元件的欧姆定律

当电源电压有效值保持不变，而频率增加时，那么电流的频率也增加，根据法拉第定律，频率的增加将在电感元件中产生更大的感应电压，其方向将阻碍电流的变化，从而减小了电流的有效值。类似地，频率的减小将导致电流有效值的增加。可以看出，电感元件对交流电流具有一定的阻碍作用，且随着频率的变化而变化。电感元件对交流电流的阻碍作用称为**感抗**，用 X_L 表示，单位为欧姆（Ω）。

保持电源电压的有效值和频率固定不变，改变电感的大小，则电路中通过的交流电流随着改变，当电感值增加时，电流减小，电感元件对电流的阻碍作用增加，因此，感抗不仅仅是与频率成正比，也与电感值成正比。用数学表达式可以表示为

$$X_L = 2\pi f L = \omega L \tag{4-15}$$

当 f 单位为赫兹（Hz）、L 为亨利（H）时，X_L 为欧姆（Ω）。2π 的系数是来源于正弦波形与旋转运动的关系。

从上式可以看出，电感元件对高频电流的阻碍作用很大，而对直流可以看成短路，即 $X_L = 0$。当电源电压 U 和电感 L 一定时，感抗 X_L 和电流 I、频率 f 的关系如图 4-44 所示。

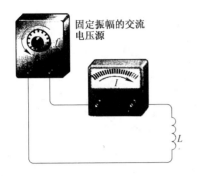

图 4-43　电感元件的交流电路

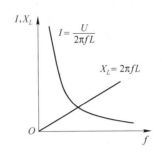

图 4-44　X_L 与电流 I、频率 f 的关系

电感元件的感抗类似于电阻的阻抗和电容元件的容抗，均可以表示成欧姆定律的形式。正弦电压在其过零点处具有最大变化率，在其峰值处的变化率为零。根据法拉第定律，电感元件中产生的感应电压的大小正比于电流的变化率，因此，电感元件的电压在电流的过零点处具有最大值，因为此时的电流变化率最大；同样，在电流的峰值处电压最小，因为此时的电流变化率为零。图 4-45 说明了电感元件中电压和电流的相位关系。从图 4-45 中可以看出，电感元件中电压超前于电流 90°。用相量表达式可以表示为

$$\dot{U} = jX_L \dot{I} = j\omega L \dot{I} \qquad (4\text{-}16)$$

假设电源电压为

$$u = U_m \sin\omega t$$

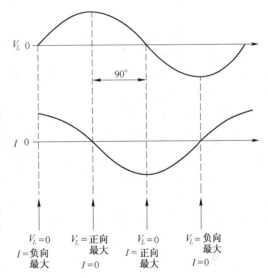

图 4-45　电感元件中电流滞后于电压 90°

则电感中通过的电流应为

$$i = \frac{U_m}{X_L}\sin(\omega t - 90°) = I_m \sin(\omega t - 90°) \qquad (4\text{-}17)$$

在分析和计算交流电路时，以电压或者电流作为参考量均可以，它们之间的大小和相位关系是一样的。

4.6.2　电感元件的功率

1. 瞬时功率 p

瞬时电压 u 与瞬时电流 i 的乘积就是瞬时功率 p。当电感元件两端加上正弦交流电压时，电感元件在半个周期中存储能量，然后在接下来的半个周期中又将存储的能量释放回电源，在不考虑其电阻的情况下（理想电感元件），电感中并没有电能转换为热能，不消耗能量，仅仅存储能量。图 4-46 所示为电感元件在一个周期中产生的功率曲线。

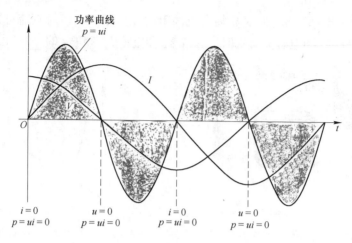

图 4-46　电感元件的功率曲线

从图中可以看出，在 u 或者 i 为零值处，p 等于零；当 u 和 i 同时为正值或者负值时，p 为正值，存储能量；当 u 或者 i 一个为正值而另一个为负值时，p 为负值，向电源返还能量。瞬时功率的变化同样遵循正弦曲线的规律，当能量交替存储或者返还至电源时，瞬时功率的变化频率是电压或者电流的 2 倍。

2. 有功功率 P

在理想情况下，电感元件在功率周期的正半周所存储的能量都将在功率周期的负半周返还至电源，其中没有热能的转换，所以有功功率为零，即

$$P = 0 \tag{4-18}$$

3. 无功功率

电感元件也是一个储能元件，它存储或者返还能量的规模称为无功功率，用 Q_L 表示，单位为乏（var）。同电容元件类似，有

$$Q_L = UI = X_L I^2 \tag{4-19}$$

【例 4.12】 将一个 0.1H 的电感元件连接到频率为 50Hz、电压有效值为 10V 的正弦电源上，试求电路中的电流和无功功率分别是多少？如果保持电压值不变，而电源频率改变为 5000Hz，这时电路中的电流以及功率又将变为多少？

解：解法 1： 当 $f = 50\text{Hz}$ 时，可得

$$X_L = 2\pi f L = 2 \times 3.14 \times 50 \times 0.1\Omega = 31.4\Omega$$

$$I = \frac{U}{X_L} - \frac{10\text{V}}{31.4\Omega} = 0.318\text{A} = 318\text{mA}$$

对于理想电感元件，有功功率总是为零，即　　　$P = 0\text{W}$

$$Q_L = UI = 10\text{V} \times 0.318\text{A} = 3.18\text{var}$$

当 $f = 5000\text{Hz}$ 时，可得

$$X_L = 2\pi f L = 2 \times 3.14 \times 5000 \times 0.1\Omega = 3140\Omega$$

$$I = \frac{U}{X_L} = \frac{10\text{V}}{3140\Omega} = 0.00318(\text{A}) = 3.18\text{mA}$$

$$Q_L = UI = 10\text{V} \times 0.00318\text{A} = 0.0318\text{var}$$

解法 2： 相量法。电感在正弦交流电路中的感抗为 jX_L，根据欧姆定律得

$$\dot{I} = \frac{\dot{U}}{\mathrm{j}X_L}$$

假设电压的相位为0°，则 $\dot{U} = U\underline{/0°}$

当 $f = 50\mathrm{Hz}$ 时，可得

$$X_L = 2\pi fL = 2 \times 3.14 \times 50 \times 0.1\Omega = 31.4\Omega$$

$$\dot{I} = \frac{\dot{U}}{\mathrm{j}X_L} = \frac{10\underline{/0°}\,\mathrm{V}}{\mathrm{j}31.4\Omega} = \frac{10\underline{/0°}\,\mathrm{V}}{31.4\underline{/90°}\,\Omega} = 0.318\underline{/-90°}\,\mathrm{A} = 318\underline{/-90°}\,\mathrm{mA}$$

当 $f = 5000\mathrm{Hz}$ 时，可得

$$X_L = 2\pi fL = 2 \times 3.14 \times 5000 \times 0.1\Omega = 3140\Omega$$

$$\dot{I} = \frac{\dot{U}}{\mathrm{j}X_L} = \frac{10\underline{/0°}\,\mathrm{V}}{\mathrm{j}3140\Omega} = 0.00318\underline{/-90°}\,\mathrm{A} = 3.18\underline{/-90°}\,\mathrm{mA}$$

可见，在正弦电压有效值一定时，频率越高，则电感元件中通过的正弦电流有效值越小。

4.6.3　电感元件的应用

电感元件具有许多实际的应用，例如：继电器、螺形线圈、读/写头、扬声器等，但和电容元件相比，其应用范围要小得多；并且由于体积大小、尺寸等因素的影响，电感元件在各种应用中具有更多的限制。

1. 电源滤波器

和电容元件类似，电感元件也可以应用于滤波器中，如图4-47所示，电感器和负载串联，阻碍由纹波电压引起的电流起伏波动，来平滑掉输出的纹波电压，从而使负载端得到的电压更为恒定。

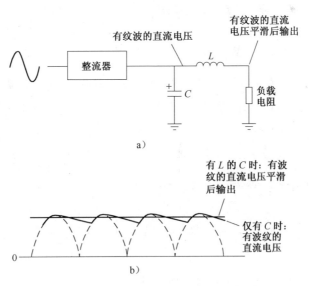

图 4-47　带有串联电感器的电源滤波器

2. RF 扼流圈

某些类型的电感元件用于防止射频（RF）信号进入到系统的其他部分，称为 RF 扼流

圈。例如电源或者接收器的声频部分。在这种情况下，电感元件常用作串联滤波器，线圈阻抗随频率的增加而增加，当电源频率非常高时，电感元件的阻抗将变得非常大，从而阻断了高频电流，扼制掉线路中不需要的 RF 干扰信号，如图 4-48 所示。

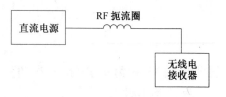

图 4-48　电感元件用作 RF 扼流圈

3. 调谐电路

在通信系统中，电感元件常常和电容元件联合使用，组成调谐电路。由于电感元件和电容元件产生相反的相位差，两者串联或者并联时相互作用，可以将一个窄频带内的频率选择出来，同时滤掉其他的频率。电视机以及无线电接收机的调谐器都是基于这个原理，并且允许从提供的多个频道中选出所需的频道。

本 章 小 结

1. 正弦交流电的三要素

正弦交流电的三要素为幅值、频率、初相位。

2. 各参数间的关系

最大值 U_m 与有效值 U：$U_m = \sqrt{2}U$

周期 T 与频率 f、角频率 ω：$T = \dfrac{1}{f} = \dfrac{2\pi}{\omega}$　$\omega = 2\pi f$

3. 交流电的瞬时值 u 与相量 $\dot{U}$ 的表示方法

瞬时值（数学表达式）：$u = U_m \sin(\omega t + \psi)$

相量：　$\dot{U} = U \underline{/\psi}$　或　$\dot{U}_m = U_m \underline{/\psi}$

4. 相量的计算

相量的加减：

$$\dot{U}_1 \pm \dot{U}_2 = U_1 \underline{/\psi_1} \pm U_2 \underline{/\psi_2} = U_1(\cos\psi_1 + \mathbf{j}\sin\psi_1) \pm U_2(\cos\psi_2 + \mathbf{j}\sin\psi_2)$$

$$= (U_1\cos\psi_1 \pm U_2\cos\psi_2) + \mathrm{j}(U_1\sin\psi_1 \pm U_2\sin\psi_2)$$

$$= a + \mathrm{j}b$$

$$= \sqrt{a^2 + b^2}\ \underline{/\mathrm{arctg}\ \dfrac{b}{a}}$$

其中，$a = U_1\cos\psi_1 \pm U_2\cos\psi_2$；$b = U_1\sin\psi_1 \pm U_2\sin\psi_2$。

相量的乘法：

$$\dot{U}_1 \times \dot{U}_2 = U_1\underline{/\psi_1} \times U_2\underline{/\psi_2} = U_1 \times U_2 \underline{/\psi_1 + \psi_2}$$

相量的除法：

$$\dfrac{\dot{U}_1}{\dot{U}_2} = \dfrac{U_1\underline{/\psi_1}}{U_2\underline{/\psi_2}} = \dfrac{U_1}{U_2}\ \underline{/\psi_1 - \psi_2}$$

5. 交流电路的欧姆定律

电阻元件：$\dot{U} = R\dot{I}$

电容元件：$\dot{U} = -jX_C\dot{I} = -j\dfrac{\dot{I}}{\omega C}$

电感元件：$\dot{U} = jX_L\dot{I} = j\omega L\dot{I}$

6. 交流电路的功率

电阻元件：$P = UI$ $Q = 0$

电容元件：$P = 0$ $Q_C = UI$

电感元件：$P = 0$ $Q_L = UI$

练 习 题

1. 校内广播电台英语频道传输频率为 81.5MHz，试求此频率的周期。

2. 某正弦交流电波形的周期为 40μs，此交流电的频率是多少？

3. 将用角度法表示的 30°、60°、90°改用弧度法表示。

4. 将 $\dfrac{3}{2}\pi$、$\dfrac{2}{3}\pi$、$\dfrac{3}{4}\pi$ 用角度表示是多少？

5. 某火力发电厂的发电机 1min 转 3600 转，角速度是多少？另外，角速度为 **100π**rad/s 的发电机，其转子在 $\dfrac{1}{500}$s 内所转过的角度是多少度？

6. 在某电路中，$i = 100\sin\left(6280t - \dfrac{\pi}{4}\right)$mA，（1）试指出它的频率、周期、角频率、幅值、有效值及初相位各为多少；（2）画出波形图；（3）如果 i 的参考方向选得相反，写出它的三角函数式，画出波形图，并判断（1）中各项有无改变？

7. 设 $i = 100\sin\left(\omega t - \dfrac{\pi}{4}\right)$mA，试求在下列情况下电流的瞬时值：

（1）$f = 1000$Hz，$t = 0.375$ms；（2）$\omega t = 1.25\pi$rad；（3）$\omega t = 90°$

8. 有一正弦交流电压的有效值为 100V，其最大值是多少？

9. 有一正弦交流电压的最大值是 282.8V，其有效值和平均值各是多少？

10. 在下列交流电的瞬时值表达式中，分别求出它们的最大值、有效值、角频率和频率。

（1）$u = 220\sin 30t$V   （2）$i = 12\sin\dfrac{\pi}{5}t$A

11. 已知 $i_1 = 15\sin(314t + 45°)$A，$i_2 = 10\sin(314t - 30°)$A，（1）试问 i_1 和 i_2 的相位差等于多少？（2）画出 i_1 和 i_2 的波形图；（3）在相位上比较 i_1 和 i_2 的超前、滞后情况。

12. 已知某正弦电压在 $t = 0$ 时为 220V，其初相位为 45°，试问它的有效值等于多少？

13. 如果两个同频率的正弦电流在某一瞬时都是 5A，两者是否一定同相？其幅值是否也一定相等？

14. 当有效值为 120V、频率为 60Hz 时，试写出电压的瞬时值表达式。

15. 有一交流电流的瞬时表达式为 $i = 20\sin\omega t$A，当 ωt 为下列值时，分别求出它们的瞬时电流值。

（1）$\omega t = \dfrac{\pi}{6}$ （2）$\omega t = \dfrac{\pi}{4}$ （3）$\omega t = \dfrac{\pi}{2}$

16. 试写出有效值为 10A、频率为 50Hz、相位比电压滞后 $\dfrac{\pi}{3}$ 弧度的电流的瞬时值表达式。（设 $t = 0$ 时，电压的相位为 0）

17. 已知各电流相量 $\dot{I}_1 = (2\sqrt{3}+j2)$A、$\dot{I}_2 = (-2\sqrt{3}+j2)$A、$\dot{I}_3 = (-2\sqrt{3}-j2)$A 和 $\dot{I}_4 = (2\sqrt{3}-j2)$A，试画出相量图，并写出它们的瞬时值表达式。

18. 写出下列正弦电压的相量式：

（1） $u = 10\sqrt{2}\sin\omega t$ V

（2） $u = 10\sqrt{2}\sin\left(\omega t + \dfrac{\pi}{2}\right)$V

（3） $u = 10\sqrt{2}\sin\left(\omega t - \dfrac{\pi}{2}\right)$V

（4） $u = 10\sqrt{2}\sin\left(\omega t - \dfrac{3\pi}{4}\right)$V

19. 将下列相量式改写成 $a + jb$ 的形式。

（1） $\dot{U} = 100 \underline{/\dfrac{\pi}{3}}$

（2） $\dot{I} = 12 \underline{/150°}$

20. 已知两正弦电流 $i_1 = 8\sin(\omega t + 60°)$ A 和 $i_2 = 6\sin(\omega t - 30°)$ A，试用相量计算电流 $i = i_1 + i_2$，并画出相量图。

21. 图 4-49 所示为时间 $t = 0$ 时电压和电流的相量图。已知：$U = 220V$，$I_1 = 10A$，$I_2 = 5\sqrt{2}A$，试分别用正弦函数和波形图表示各正弦量。

22. 已知正弦量 $\dot{I} = -4 - j3A$，试分别用正弦函数式、正弦波形图和相量图来表示。如果 $\dot{I} = 4 - j3A$，则又如何？

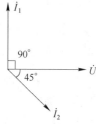

图 4-49　题 21 的图

23. 计算 $0.047\mu F$ 的电容器在以下各频率时的各容抗值 X_C。

（1） 10Hz；　（2） 250Hz；　（3） 5kHz；　（4） 100kHz

24. 已知频率为 10kHz 的正弦电压连接至 $0.0047\mu F$ 的电容，产生的交流电流有效值 $I = 1mA$，试计算正弦电压的有效值以及电路的有功功率和无功功率。

25. 在电容元件的正弦交流电路中，$C = 4\mu F$，$f = 50Hz$，（1）已知 $u = 220\sqrt{2}\sin\omega t$V，求电流 i；（2）已知 $\dot{I} = 0.1 \underline{/-60°}$ A，求 $\dot{U}$，并画出相量图。

26. 在电容为 $64\mu F$ 的电容器两端加一正弦电压 $u = 220\sqrt{2}\sin 314t$V，设电压和电流的参考方向如图 4-50 所示，试计算在 $t = \dfrac{T}{6}$、$t = \dfrac{T}{4}$ 和 $t = \dfrac{T}{2}$ 瞬间的电流和电压的大小。

27. 在电感元件的正弦交流电路中，$L = 100mH$，$f = 50Hz$，（1）已知 $i = 7\sqrt{2}\sin\omega t$A，求电压 u；（2）已知 $\dot{U} = 127 \underline{/-30°}$ V，求 $\dot{I}$，并画出相量图。

28. 已知通过线圈的电流 $i = 10\sqrt{2}\sin 314t$A，线圈的电感 $L = 70mH$（电阻忽略不计），设电源电压 u 及电流 i 的参考方向如图 4-51 所示，试分别计算在 $t = \dfrac{T}{6}$、$t = \dfrac{T}{4}$ 和 $t = \dfrac{T}{2}$ 瞬间的电流、电压的大小，并在电路图上标出它们在该瞬间的实际方向，同时用正弦波形表示出三者之间的关系。

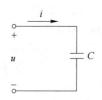

图 4-50　题 26 的图

图 4-51　题 28 的图

第 5 章

RLC 串并联电路的分析

本章将介绍基本的 *RLC* 串并联电路及其在正弦交流电路中的特性。讨论 *R*、*L*、*C* 简单组合的串并联电路及其实际应用。

5.1 交流电路的等效阻抗

在实际应用中，元件的性质并不是唯一的，通常是多种元件的组合。与直流电路类似，需要计算组合电路的等效阻抗。常用基本组合电路有如下几种。

5.1.1 相同元件的串联

相同电阻的串联，如图 5-1 所示，同直流电路一样，其等效电阻值为各个电阻的和。

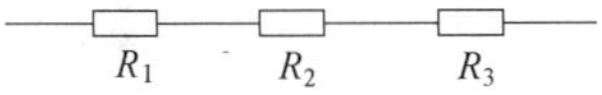

图 5-1　电阻的串联

等效电阻为　$R = R_1 + R_2 + R_3$

等效阻抗为　$Z = R$

相同电感的串联，如图 5-2 所示，其等效电感值为各个电感的和。

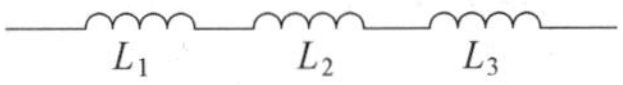

图 5-2　电感的串联

等效电感为　$L = L_1 + L_2 + L_3$

等效阻抗为　$Z = jX_L = j\omega L$

相同电容的串联，如图 5-3 所示，其等效电容值的倒数为各个电容的倒数和。

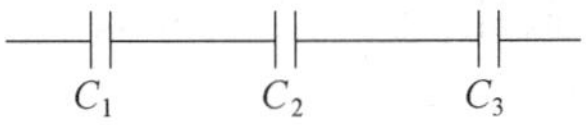

图 5-3　电容的串联

等效电容为　$C = \dfrac{1}{\dfrac{1}{C_1} + \dfrac{1}{C_2} + \dfrac{1}{C_3}}$

等效阻抗为　$Z = -jX_C = -j\dfrac{1}{\omega C}$

5.1.2 不同元件的串联

RL 串联，如图 5-4 所示，由于电阻和电感在交流电路中呈现不同的特性，它们对电流的阻碍作用不能直接相加，而是分成电阻和电抗两部分，称为**阻抗**，用 *Z* 表示，单位为欧姆（Ω）。

图 5-4　*RL* 串联

等效阻抗为　$Z = R + j\omega L$

RC 串联，如图 5-5 所示，等效阻抗为电阻和容抗之和。

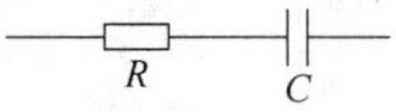

等效阻抗为　$Z = R - \mathrm{j}\dfrac{1}{\omega C}$

图 5-5　RC 串联

LC 串联，如图 5-6 所示，等效阻抗为感抗和容抗之和。

等效阻抗为 $Z = \mathrm{j}\omega L - \mathrm{j}\dfrac{1}{\omega C} = \mathrm{j}(X_L - X_C)$

图 5-6　LC 串联

RLC 串联，如图 5-7 所示，等效阻抗为电阻和感抗、容抗之和。

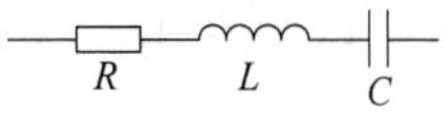

等效阻抗为　$Z = R + \mathrm{j}\omega L - \mathrm{j}\dfrac{1}{\omega C} = R + \mathrm{j}(X_L - X_C)$ 　　(5-1)

图 5-7　RLC 串联

从上面可以看出，不同种类元件的串联组合，主要分成两部分：**电阻部分相加，电抗（感抗、容抗）部分相加（减）**。

阻抗图可以表示成图 5-8 所示的形式。

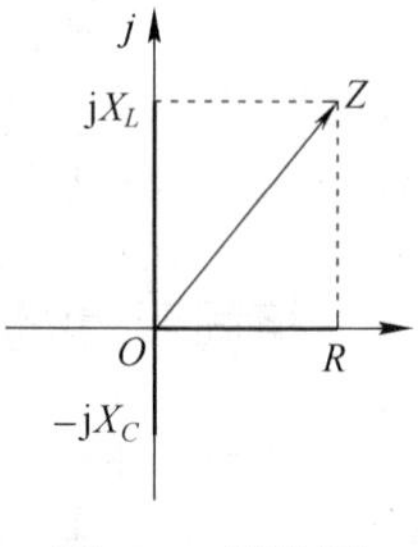

直流电路中两个电阻串联的分压公式仍然适合于交流电路，即在交流电路中，两个串联阻抗 Z_1、Z_2 的电压值与其阻抗值成正比。

$$\dot{U}_1 = \frac{Z_1}{Z_1 + Z_2}\dot{U}_\mathrm{S} \qquad \dot{U}_2 = \frac{Z_2}{Z_1 + Z_2}\dot{U}_\mathrm{S} \qquad (5\text{-}2)$$

图 5-8　阻抗图

5.1.3　阻抗的并联

在实际应用中，很多设备（如家用电器等）都是并联连接的，将元件的阻碍作用都用阻抗表示以后，并联连接就转化成阻抗的并联了，如图 5-9 所示。

等效阻抗为 $$Z = \frac{1}{\dfrac{1}{Z_1} + \dfrac{1}{Z_2} + \cdots + \dfrac{1}{Z_n}} = \frac{1}{\displaystyle\sum_{i=1}^{n}\dfrac{1}{Z_i}} \qquad (5\text{-}3)$$

阻抗并联的等效方法与直流电路一样，由于阻抗由两部分组成，因此计算过程会稍微复杂些。

【例 5.1】　求图 5-10 所示 RLC 并联电路的等效阻抗，其中 $R = 10\,\Omega$、$X_L = 5\,\Omega$、$X_C = 2\,\Omega$。

图 5-9　阻抗的并联　　　　图 5-10　RLC 并联

解：设 $Z_1 = R$，$Z_2 = \mathrm{j}5\,\Omega$，$Z_3 = -\mathrm{j}2\,\Omega$，则等效电抗为

$$Z = \frac{1}{\dfrac{1}{Z_1} + \dfrac{1}{Z_2} + \dfrac{1}{Z_3}} = \frac{1}{\dfrac{1}{10\Omega} + \dfrac{1}{\mathrm{j}5\Omega} + \dfrac{1}{-\mathrm{j}2\Omega}} = \frac{1}{0.1 - \mathrm{j}0.2 + \mathrm{j}0.5}\Omega$$

$$= \frac{1}{0.1 + \mathrm{j}0.3}\Omega = \frac{1}{\sqrt{0.1^2 + 0.3^2}\ \underline{/\mathrm{arctg}\dfrac{0.3}{0.1}}}\Omega = \frac{1}{0.316\ \underline{/71.6°}}\Omega$$

$$= 3.16\ \underline{/-71.6°}\ \Omega$$

等效阻抗求出以后，如果已知所加的交流电压值，则根据欧姆定律就可求出总电流值。

直流电路中两个电阻并联的分流公式仍然适合于交流电路，即在交流电路中，两个并联阻抗 Z_1、Z_2 的电流值与其阻抗值成反比：

$$\dot{I}_1 = \frac{Z_2}{Z_1 + Z_2}\dot{I}_\mathrm{S} \qquad \dot{I}_2 = \frac{Z_1}{Z_1 + Z_2}\dot{I}_\mathrm{S} \tag{5-4}$$

后面将重点介绍串联电路中交流电压和电流的分析计算。

5.2 *RC* 交流电路的分析

当正弦电压输入到任意类型的 *RC* 电路时，电路中产生的每个电压降和电流均是正弦量，并且与电源电压的频率相同。电压与电流之间因为电容器而产生相位移动，其大小取决于电阻与电容容抗的相对值。

5.2.1 *RC* 串联电路

将电阻 R 与电容元件 C 串联起来，连接到正弦交流电压的两端，如图 5-11 所示。

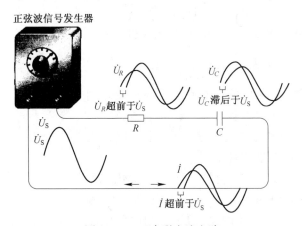

图 5-11 *RC* 串联交流电路

根据基尔霍夫电压定律，电源电压等于电阻电压与电容电压的相量和，再应用欧姆定律，可得

$$\dot{U}_\mathrm{S} = \dot{U}_R + \dot{U}_C = \dot{I}R + (-\mathrm{j}X_C\dot{I})$$
$$= (R - \mathrm{j}X_C)\dot{I} = Z\dot{I} \tag{5-5}$$

由于 Z 中存在电抗的阻碍作用，使得 U_S 与电流 I 不再同相位。

电路的总阻抗 Z 为

$$Z = R - jX_C \tag{5-6}$$

电阻上的电压为

$$\dot{U}_R = \dot{I}R = \dot{U}_S\cos\varphi \tag{5-7}$$

从上式可以看出：电阻上的电压 U_R 与电流 I 同相位。

电容上的电压为

$$\dot{U}_C = -jX_C\dot{I} = \dot{U}_S\sin\varphi \tag{5-8}$$

电容上的电压 $\dot{U}_C$ 滞后电流 $\dot{I}$ 90°。

根据以上各式，画出阻抗以及电流、电压的相量图，如图 5-12 所示。

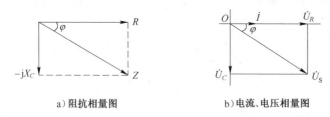

a）阻抗相量图   b）电流、电压相量图

图 5-12 RC 串联电路的阻抗和电流、电压相量图

在图中，阻抗的大小称为阻抗的模，用 $|Z|$ 表示，单位为欧姆（Ω）：

$$|Z| = \sqrt{R^2 + X_C^2} = \sqrt{R^2 + \left(\frac{1}{\omega C}\right)^2} \tag{5-9}$$

阻抗 Z 与电阻 R 之间的夹角称为**阻抗角**，用 φ 表示：

$$\varphi = \text{arctg}\,\frac{-X_C}{R} = -\text{arctg}\,\frac{X_C}{R} \tag{5-10}$$

电源电压的大小为

$$U_S = \sqrt{U_R^2 + U_C^2} \tag{5-11}$$

总电压和总电流的夹角称为电路的**相位角**，也为 φ，即

$$\varphi = -\text{arctg}\,\frac{U_C}{U_R} = -\text{arctg}\,\frac{IX_C}{IR} = -\text{arctg}\,\frac{X_C}{R} \tag{5-12}$$

从上式可以看出，夹角 φ 表示**电源电压与电流之间的相位差**，同时也等于电路的阻抗角。φ 的取值范围在 $-90° \sim 0°$，当 $\varphi = 0°$ 时，电路为纯电阻电路；当 $\varphi = -90°$ 时，电路为纯电容电路。

当电源的频率增加时，由于容抗与频率的变化成反比，X_C 减小，总阻抗 Z 也随之减小。由于电源电压 U_S 不变，导致电路中电流 I 增大，而电流增大引起电阻电压 U_R 进一步增加，则电容两端电压 U_C 减小。

相位角 φ 是由于 X_C 引起的，因此，X_C 的变化产生相位角 φ 的变化。随着频率的增加，X_C 逐渐减小，因此相位角 φ 也随之减小；当频率减小时，X_C 逐渐增大，相位角 φ 也随之增大，如图 5-13 所示。

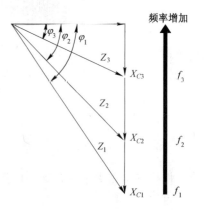

图 5-13 频率变化时，相位角随 X_C 的变化而变化

【例 5.2】 有一 *RC* 串联电路如图 5-14 所示，$R = 2\text{k}\Omega$，$C = 0.1\mu\text{F}$，电压 $U_1 = 1\text{V}$，$f = 500\text{Hz}$，（1）试求电阻 R 上的输出电压 U_2，并讨论输出电压与输入电压间和相位的关系；（2）当将电容 C 改为 $20\mu\text{F}$ 时，求 U_2 的值；（3）若将频率 f 改变为 4000Hz 时，再求电阻 R 上的电压 U_2。

解法 1：

（1）容抗为

$$X_C = \frac{1}{2\pi f C} = \frac{1}{2 \times 3.14 \times 500 \times 0.1 \times 10^{-6}}\Omega$$

$$= 3200\Omega = 3.2\text{k}\Omega$$

$$Z = R - jX_C = 2000\Omega - j3200\Omega = \sqrt{2000^2 + 3200^2}\ \Big/\ \text{arctg}\ \frac{-3200}{2000}\ \Omega$$

$$= 3770\ \big/\ -58°\ \Omega = 3.77\ \big/\ -58°\ \text{k}\Omega$$

由于 *RC* 为串联电路，R 和 C 上流过的电流为同一个电流，假设电路中的电流为参考量，即

$$\dot{I} = I\ \big/\ 0°\ \text{A}$$

则有

$$I = \frac{U_1}{|Z|} = \frac{1\text{V}}{3770\Omega} = 0.27 \times 10^{-3}\text{A} = 0.27\text{mA}$$

电阻上的输出电压为

$$U_2 = IR = 0.27 \times 10^{-3}\text{A} \times 2000\Omega = 0.54\text{V}$$

电压和电流的相量图如图 5-14b 所示。

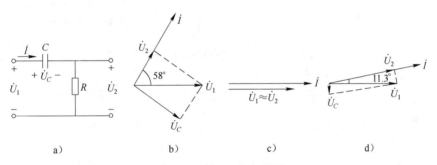

图 5-14 例 5.2 的相量图

输出电压和输入电压之比为

$$\frac{U_2}{U_1} = \frac{0.54}{1} = 54\%$$

且 $\dot{U}_2$ 比 $\dot{U}_1$ 超前 58°。

（2）$C = 20\mu\text{F}$ 时，可得

$$X_C = \frac{1}{2\pi f C} = \frac{1}{2 \times 3.14 \times 500 \times 20 \times 10^{-6}}\Omega = 16\Omega \ll R$$

$$|Z| = \sqrt{2000^2 + 16^2} \approx 2000\Omega = R$$

$$U_2 = IR = R\frac{U_1}{|Z|} \approx U_1 \qquad U_C \approx 0$$

$$\varphi = \text{arctg}\ \frac{-X_C}{R} = \text{arctg}\ \frac{-16}{2000} \approx 0°$$

电压和电流的相量图如图 5-14c 所示。

（3）当 C 仍然等于 0.1μF，而频率变化时，容抗为

$$X_C = \frac{1}{2 \times 3.14 \times 4000 \times 0.1 \times 10^{-6}}\Omega = 400\Omega$$

$$|Z| = \sqrt{2000^2 + 400^2}\,\Omega = 2040\Omega = 2.04\text{k}\Omega$$

$$U_2 = IR = \frac{U_1}{|Z|}R = \frac{1\text{V}}{2040\Omega} \times 2000\Omega = 0.98\text{V}$$

$$\varphi = \text{arctg}\,\frac{-400}{2000} = \text{arctg}(-0.2) = -11.3°$$

电压与电流的相量图如图 5-14d 所示。

$$U_2/U_1 = 0.98/1 = 98\%，\text{且}\,\dot{U}_2\text{比}\dot{U}_1\text{超前}\,11.3°。$$

解法2：相量求解法。在 RC 串联电路中，电流为 $\dot{I}$，则由基尔霍夫电压定理，可得

$$\dot{U}_1 = \dot{U}_R + \dot{U}_C = \dot{I}R + (-jX_C\dot{I}) = (R - jX_C)\dot{I}$$

假设输入电压相量为 $\dot{U}_1 = U_1\underline{/0°}\text{ V}$

则求得电路中的电流相量为 $\dot{I} = \dfrac{\dot{U}_1}{R - jX_C}$

最后得出输出电压的相量为 $\dot{U}_2 = \dot{I}R$

（1）
$$X_C = \frac{1}{2\pi fC} = \frac{1}{2 \times 3.14 \times 500 \times 0.1 \times 10^{-6}}\Omega = 3200\Omega = 3.2\text{k}\Omega$$

$$R - jX_C = 2000\Omega - j3200\Omega = 3773.6\,\underline{/-58°}\,\Omega$$

$$\dot{I} = \frac{\dot{U}_1}{R - jX_C} = \frac{1\,\underline{/0°}}{3773.6\,\underline{/-58°}}\text{A} = 0.27 \times 10^{-3}\,\underline{/58°}\text{ A}$$

$$\dot{U}_2 = \dot{I}R = 2000 \times 0.27 \times 10^{-3}\,\underline{/58°}\text{ V} = 0.54\,\underline{/58°}\text{ V}$$

因为
$$\dot{U}_1 = 1\,\underline{/0°}\text{ V}$$

所以，输出电压是输入电压的 0.54 倍，且 $\dot{U}_2$ 比 $\dot{U}_1$ 超前 58°。

（2）$C = 20\mu\text{F}$ 时，可得

$$X_C = \frac{1}{2\pi fC} = \frac{1}{2 \times 3.14 \times 500 \times 20 \times 10^{-6}}\Omega = 16\Omega \ll R$$

$$R - jX_C = 2000\Omega - j16\Omega = 2000.1\,\underline{/-0.45°}\,\Omega$$

$$\dot{I} = \frac{\dot{U}_1}{R - jX_C} = \frac{1\,\underline{/0°}}{2000.1\,\underline{/-0.45°}}\text{A} = 0.5 \times 10^{-3}\,\underline{/0.45°}\text{ A}$$

$$\dot{U}_2 = \dot{I}R = 2000 \times 0.5 \times 10^{-3}\,\underline{/0.45°}\text{ V} = 1\,\underline{/0.45°}\text{ V}$$

$U_2/U_1 \approx 1$，且 $\dot{U}_2$ 比 $\dot{U}_1$ 超前 0.45°。

（3）当 C 仍然等于 0.1μF，而频率变化时，容抗为

$$X_C = \frac{1}{2 \times 3.14 \times 4000 \times 0.1 \times 10^{-6}}\Omega = 400\Omega$$

$$R - jX_C = 2000\Omega - j400\Omega = 2039.6 \underline{/-11.3°}\ \Omega$$

$$\dot{I} = \frac{\dot{U}_1}{R - jX_C} = \frac{1\ \underline{/0°}}{2039.6\ \underline{/-11.3°}}A = 0.49 \times 10^{-3}\underline{/11.3°}\ A$$

$$\dot{U}_2 = \dot{I}R = 2000 \times 0.49 \times 10^{-3}\underline{/11.3°}\ V = 0.98\ \underline{/11.3°}\ V$$

$U_2/U_1 = 0.98/1 = 98\%$，且 $\dot{U}_2$ 比 $\dot{U}_1$ 超前 11.3°。

5.2.2 *RC* 并联电路

在 *RC* 并联电路中，可以应用阻抗并联公式先求出电路的总阻抗，然后根据欧姆定律，求出电路的总电流；也可以根据并联元件的电压相同，先根据欧姆定律求出每个并联元件的支路电流，再应用 KCL 定律将各个支路电流相加（向量和），得出总电流。

图 5-15 所示为基本的 *RC* 并联电路。

电路的总阻抗 *Z* 为

$$Z = \frac{1}{\dfrac{1}{R} + \dfrac{1}{-jX_C}} = \frac{-jRX_C}{R - jX_C} \tag{5-13}$$

根据欧姆定律，总电流和支路电流分别为

$$\dot{I} = \frac{\dot{U}_S}{Z} \qquad \dot{I}_R = \frac{\dot{U}_S}{R} \qquad \dot{I}_C = \frac{\dot{U}_S}{-jX_C} \tag{5-14}$$

$$\dot{I} = \dot{I}_R + \dot{I}_C \tag{5-15}$$

电源电压与总电流之间的相位角：

$$\varphi = \text{arctg}\frac{I_C}{I_R} = \text{arctg}\frac{U_S/X_C}{U_S/R} = \text{arctg}\frac{R}{X_C} \tag{5-16}$$

RC 并联电路电流与电压的相量图如图 5-16 所示。

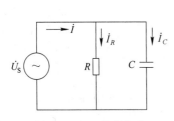

图 5-15 *RC* 并联电路

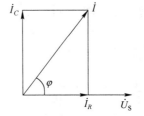

图 5-16 *RC* 并联电路的相量图

注意：$\dot{I}_R$ 与电压 $\dot{U}_S$ 同相位（$U_S = U_R = U_C$），$\dot{I}_C$ 超前于 $\dot{I}_R$ 90°。

【**例 5.3**】 在如图 5-15 所示的 *RC* 并联电路中，已知 $U_S = 12V$，$R = 330\Omega$，$C = 0.22\mu F$，电源的频率为 1kHz，试求各支路的电流。

解：（1）先求电容的容抗 X_C 和总阻抗 Z：

$$X_C = \frac{1}{2\pi fC} = \frac{1}{2 \times 3.14 \times 1000 \times 0.22 \times 10^{-6}} = 723.8\Omega$$

$$Z = \frac{-jRX_C}{R - jX_C} = \frac{-j330 \times 723.8}{330 - j723.8} = \frac{330 \times 723.8 \,\underline{/-90°}}{795.5 \,\underline{/-65.5°}} = 300 \,\underline{/-24.5°} \,\Omega$$

（2）分别求电阻、电容上的电流及总电流。假设电源电压的相位为 $0°$，即 $\dot{U}_S = U_S\underline{/0°}$。

$$\dot{I} = \frac{\dot{U}_S}{Z} = \frac{12 \,\underline{/0°} \text{ V}}{300 \,\underline{/-24.5°} \,\Omega} = 0.04 \,\underline{/24.5°} \text{ A} = 40 \,\underline{/24.5°} \text{ mA}$$

$$\dot{I}_R = \frac{\dot{U}_S}{R} = \frac{12 \,\underline{/0°} \text{ V}}{330\Omega} = 0.036 \,\underline{/0°} \text{ A} = 36\text{mA}$$

$$\dot{I}_C = \frac{\dot{U}_S}{-jX_C} = \frac{12 \,\underline{/0°} \text{ V}}{723.8 \,\underline{/-90°} \,\Omega} = 0.0166 \,\underline{/90°} \text{ A} = 16.6 \,\underline{/90°} \text{ mA}$$

5.2.3 RC 电路的功率

在 RC 电路中，电源发出的一部分能量被电阻消耗掉，还有一部分能量由电容元件在不断地存储和释放。

电阻上所消耗的功率（有功功率 P）为

$$P = U_R I = RI^2 = UI\cos\varphi \tag{5-17}$$

电容元件存储和释放的能量（无功功率 Q）为

$$Q = -U_C I = -I^2 X_C = -UI\sin\varphi \tag{5-18}$$

在有功功率中，$\cos\varphi$ 称为电路的功率因数。

随着电源电压和总电流之间的相位角 φ 不断增加，功率因数随之减小，功率因数越小，则消耗的能量越小。只有在电阻负载（如白炽灯等）的电路中，电压和电流才同相，$\cos\varphi = 1$，在纯电容电路中，电压和电流相位相差 $90°$，$\cos\varphi = 0$，所以，功率因数在 0 和 1 之间变化。**在 RC 电路中，由于电流超前电压，所以其功率因数是超前的功率因数。**

在交流电路中，有功功率一般不等于电压和电流有效值的乘积。我们将电压和电流有效值的乘积称为**视在功率**，用 S 表示，单位为伏安（V·A）。

$$S = UI = |Z|I^2 \tag{5-19}$$

有功功率、无功功率和视在功率之间的关系为

$$S^2 = P^2 + Q^2 \tag{5-20}$$

【例 5.4】 有一 RC 串联电路，$R - 1\text{k}\Omega$，$C = 0.0047\mu\text{F}$，电源电压 $U_S = 15\text{V}$，$f = 10\text{kHz}$，求电路的功率因数和有功功率。

解法 1： 计算容抗、阻抗和相位角：

$$X_C = \frac{1}{2\pi fC} = \frac{1}{2 \times 3.14 \times 10 \times 10^3 \times 0.0047 \times 10^{-6}}\Omega$$

$$= 3.39 \times 10^3 \Omega = 3.39\text{k}\Omega$$

$$|Z| = \sqrt{R^2 + X_C^2} = \sqrt{1000^2 + 3390^2}\Omega = 3.53\text{k}\Omega$$

$$\varphi = \text{arctg}\frac{-X_C}{R} = \text{arctg}\frac{-3.39 \times 10^3}{1 \times 10^3} = -73.6°$$

功率因数为 $\qquad\cos\varphi = \cos(-73.6°) = 0.282$

电路中的电流为 $\qquad I = \dfrac{U_S}{|Z|} = \dfrac{15V}{3.53 \times 10^3 \Omega} = 4.25mA$

有功功率为

$$P = UI\cos\varphi = 15 \times (4.25 \times 10^{-3}) \times 0.282W = 18.0 \times 10^{-3}W$$

或者 $\qquad P = I^2R = (4.25 \times 10^{-3})^2 \times 1000W = 18.0 \times 10^{-3}W$

即有功功率等于电阻上所消耗的功率。

解法 2：相量法。在 RC 串联电路中，假设电路中的电流为 $\dot{I} = I \underline{/0°}$，根据 KVL 方程可得

$$\dot{U}_S = (R - jX_C)\dot{I} = (1000 - j3390)\Omega \times I \underline{/0°} = 3530 \underline{/-73.6°} \Omega \times I \underline{/0°}$$

$$= 3530\Omega \times I \underline{/-73.6°} = 15 \underline{/\varphi} V$$

所以

$$I = \frac{15V}{3530\Omega} = 0.00425A = 4.25mA$$

$$\cos\varphi = \cos(-73.6°) = 0.282$$

电阻上消耗的有功功率为

$$P = I^2R = (4.25 \times 10^{-3})^2 \times 1000W = 18.0 \times 10^{-3}W$$

5.2.4 RC 串联电路的应用

1. 移相电路

基本的 RC 串联电路是一种移相电路，可以使输出电压的相位偏移输入电压一个特定的角度。移相电路通常用于电子通信系统以及其他应用中。

2. RC 滞后电路

输入电压连接在整个 RC 电路上，而输出电压则由电容元件两端输出，这种电路称为 RC 滞后电路，如图 5-17 所示，根据电阻、电容以及电路总电压之间的相量图可以看出，电路的相位角 φ 为输入电压与电阻电压（与电路电流同相）之间的夹角，则输出电压（即电容元件两端的电压）滞后于输入电压的角度为 $90° - \varphi$，即

$$\theta = 90° - \text{arctg}\frac{X_C}{R} \tag{5-21}$$

从上式可以看出，改变 R 和 C 的数值都能改变 θ 的大小，从而达到相位滞后的目的。

RC 相位滞后电路可以认为是一个分压电路，输入电压的一部分加在电阻 R 端，另一部分加在电容元件两端，输出电压可用下列公式确定：

$$U_2 = \frac{X_C}{\sqrt{R^2 + X_C^2}} U_S \tag{5-22}$$

当电源频率 f 增加时，容抗减小，电路的相位角随着减小，因此，输出电压的大小也随之减小，而输入与输出电压之间的相位滞后角 θ 却随之增加。

【例 5.5】 在 RC 滞后电路中，如图 5-18 所示，当输入电压的有效值为 10V 时，试确定输出电压的有效值及输出电压与输入电压之间相位的关系。

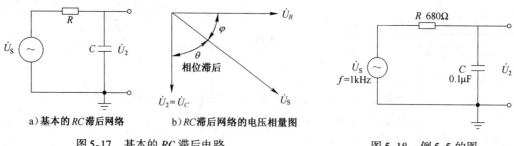

a)基本的 RC 滞后网络 b)RC 滞后网络的电压相量图

图 5-17 基本的 RC 滞后电路

图 5-18 例 5.5 的图

解法 1：首先计算出容抗值：

$$X_C = \frac{1}{2\pi fC} = \frac{1}{2 \times 3.14 \times 1000 \times (0.1 \times 10^{-6})}\Omega$$
$$= 1.59\text{k}\Omega$$

滞后电路的输出电压：

$$U_2 = \frac{X_C}{\sqrt{R^2 + X_C^2}}U_S = \frac{1.59 \times 10^3}{\sqrt{680^2 + (1.59 \times 10^3)^2}} \times 10\text{V} = 9.2\text{V}$$

输出电压与输入电压之间滞后相位：

$$\theta = 90° - \text{arctg}\frac{X_C}{R} = 90° - \text{arctg}\frac{1.59 \times 10^3}{680} = 23.2°$$

输出电压滞后于输入电压 23.2°。

解法 2：相量法。容抗为

$$X_C = \frac{1}{2\pi fC} = \frac{1}{2 \times 3.14 \times 1000 \times (0.1 \times 10^{-6})}\Omega = 1.59\text{k}\Omega$$

假设电路中的电流为 $\dot{I} = I\underline{/0°}$，$\dot{U}_S = U_S\underline{/\varphi} = 10\underline{/\varphi}$

$$\dot{I} = \frac{\dot{U}_S}{R - jX_C} = \frac{10\underline{/\varphi}\text{ V}}{680\Omega - j1590\Omega} = \frac{10\underline{/\varphi}\text{ V}}{1729\underline{/-66.8°}\ \Omega} = 5.78 \times 10^{-3}\underline{/\varphi + 66.8°}\text{ A}$$

所以 $\varphi = -66.8°$

$$\dot{U}_2 = -jX_C\dot{I} = -j1590 \times 5.78 \times 10^{-3}\underline{/0°}\text{ V} = 9.2\underline{/-90°}\text{ V}$$

输出电压与输入电压之间的相位差为

$$\theta = -90° - \varphi = -90° - (-66.8°) = -23.2°$$

3. RC 超前电路

与 RC 滞后电路不同，RC 超前电路的输出电压取自于电阻两端的电压，如图 5-19 所示，从电阻、电容和总电压之间的相量图可以看出，输出电压 U_2 超前于输入电压 U_S 的角度就等于电路的阻抗角：

$$\theta = \varphi = \text{arctg}\frac{X_C}{R} \tag{5-23}$$

输出电压的大小：

$$U_2 = \frac{R}{\sqrt{R^2 + X_C^2}}U_S \tag{5-24}$$

【例5.6】 计算图5-20所示超前电路的输出电压和超前相位。

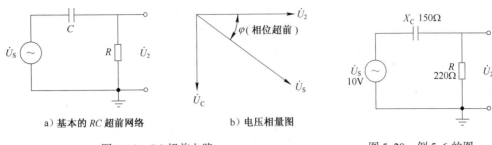

图 5-19 *RC* 超前电路

图 5-20 例 5.6 的图

解法1：根据式（5-24），输出电压为

$$U_2 = \frac{R}{\sqrt{R^2 + X_C^2}} U_S$$

$$= \frac{220}{\sqrt{220^2 + 150^2}} \times 10\text{V} = 8.26\text{V}$$

超前相位为

$$\theta = \varphi = \text{arctg}\frac{X_C}{R} = \text{arctg}\frac{150}{220} = 34.3°$$

输出电压超前于输入电压34.3°。

解法2：相量法。同样假设：$\dot{I} = I \underline{/0°}, \dot{U}_S = U_S \underline{/\varphi} = 10 \underline{/\varphi}$

$$\dot{I} = \frac{\dot{U}_S}{R - jX_C} = \frac{10 \underline{/\varphi}}{220\Omega - j150\Omega} = \frac{10 \underline{/\varphi} \text{ V}}{266.3 \underline{/-34.3°} \Omega} = 37.55 \times 10^{-3} \underline{/\varphi + 34.3°} \text{ A}$$

所以 $\varphi = -34.3°$

$$\dot{U}_2 = R\dot{I} = 220\Omega \times 37.55 \times 10^{-3} \underline{/0°} \text{ A} = 8.26 \underline{/0°} \text{ V}$$

输出电压与输入电压之间的相位差为

$$\theta = 0° - \varphi = 0° - (-34.3°) = 34.3°$$

5.2.5 *RC* 电路的频率选择性

在 *RC* 串联电路中，由输入端到输出端，电路允许某些选定的频率信号通过，而阻断其他没有被选择的频率信号，这种特性称为频率的选择性，也称为**滤波**。

RC 串联电路表现出两种类型的选频特性：一种是低通滤波电路；另一种类型是高通滤波电路。在实际应用中，*RC* 电路常常与运算放大器相结合来构造有源滤波器，它比无源 *RC* 电路更为有效。

1. 低通滤波特性

在 *RC* 滞后电路中，已经介绍了电路相位角与输出电压随着频率变化的情况，当频率增加时，容抗随着减小，当保持输入电压的有效值恒定时，电容器上的电压逐渐减小。图 5-21 所示为低通 *RC* 电路的输出电压与频率之间的关系曲线。

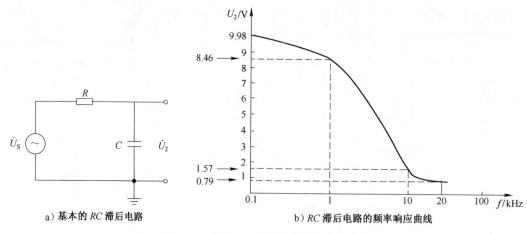

a) 基本的 RC 滞后电路

b) RC 滞后电路的频率响应曲线

图 5-21　低通 RC 电路及其频率响应曲线

从图中可以看出，频率越低则输出电压越大，并且随着频率的增加输出电压逐渐减小。

2. 高通滤波特性

在 RC 超前电路中，当频率增加时，容抗逐渐减小，当保持输入电压的有效值恒定时，电阻上的输出电压逐渐增加。图 5-22 所示为高通 RC 电路的输出电压与频率之间的关系曲线。

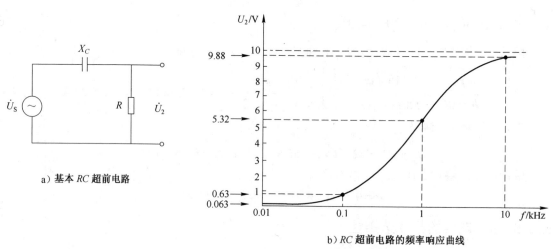

a) 基本 RC 超前电路

b) RC 超前电路的频率响应曲线

图 5-22　高通 RC 电路的频率响应曲线

从图中可以看出，频率越高，输出电压越大，并且随着频率的减小而逐渐减小。

3. 截止频率和带宽

在低通或者高通 RC 电路中，容抗等于电阻时的频率称为截止频率，用 f_0 表示，即

$$R = \frac{1}{2\pi f_0 C}$$

解得

$$f_0 = \frac{1}{2\pi RC} \qquad \text{或者} \qquad \omega_0 = \frac{1}{RC} \tag{5-25}$$

当频率为截止频率 f_0 时，*RC* 电路的输出电压为最大值的 70.7%。截止频率是一个实践标准，常被认为是电路通过或者阻截某些频率的性能限制。例如，在高通 *RC* 电路中，所有高于 f_0 的频率认为可以经由输入部分传输到输出部分，而所有低于 f_0 的频率则被认为被过滤掉了；反之，对于低通 *RC* 电路也是同样。

可以经由电路输入部分到达电路输出部分的频率范围就称为**带宽**，用 *BW* 表示。图 5-23 所示为低通 *RC* 滤波电路的带宽和截止频率。

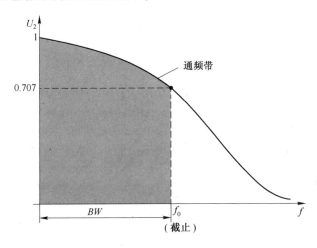

图 5-23　低通 *RC* 滤波电路的带宽和截止频率

5.3　*RL* 交流电路的分析

在日常生活中，很多电器都是电感性的负载，比如荧光灯、电器中的电动机等，在交流电路中，它们不仅有电阻，还具有电抗，构成了 *RL* 串联电路。

5.3.1　*RL* 串联电路

与 *RC* 串联电路相类似，*RL* 串联电路是由电阻 *R* 和电感元件 *L* 串联组成，连接到正弦交流电压的两端，如图 5-24 所示，则电路中产生的电流 i 以及每个元件上的电压 u 均为正弦量，且频率与电源电压的频率相同。

根据基尔霍夫电压定律，电源电压等于电阻电压与电感电压的相量和，则有

$$\dot{U}_S = \dot{U}_R + \dot{U}_L = \dot{I}\,R + \mathrm{j}X_L\dot{I} = (R + \mathrm{j}X_L)\dot{I} = Z\dot{I} \tag{5-26}$$

上式即为 *RL* 串联电路电压、电流的相量形式。

电路的总阻抗 *Z* 为
$$Z = R + \mathrm{j}X_L \tag{5-27}$$

电阻上的电压为
$$\dot{U}_R = \dot{I}\,R = \dot{U}_S\cos\varphi \tag{5-28}$$
电阻上的电压 U_R 与电流 I 同相位。

电感上的电压为
$$\dot{U}_L = \mathrm{j}X_L\dot{I} = \dot{U}_S\sin\varphi \tag{5-29}$$
电感上的电压 U_L 超前电流 $I90°$。

根据以上各式，画出阻抗以及电流、电压的相量图，如图 5-25 所示。

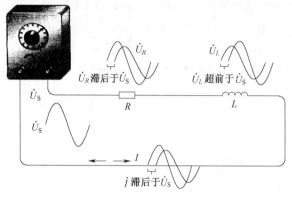

图 5-24　*RL* 串联交流电路

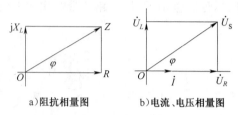

a)阻抗相量图　　b)电流、电压相量图

图 5-25　*RL* 串联电路的阻抗
和电流、电压相量图

在图中，阻抗模$|\mathbf{Z}|$为

$$|\mathbf{Z}| = \sqrt{R^2 + X_L^2} = \sqrt{R^2 + (\omega L)^2} \tag{5-30}$$

阻抗角 φ 为

$$\varphi = \text{arctg}\,\frac{X_L}{R} \tag{5-31}$$

电源电压的有效值为
$$U_S = \sqrt{U_R^2 + U_L^2} \tag{5-32}$$

相位角 φ 为

$$\varphi = \text{arctg}\,\frac{U_L}{U_R} = \text{arctg}\,\frac{IX_L}{IR} = \text{arctg}\,\frac{X_L}{R} \tag{5-33}$$

从上式可以看出，夹角 φ 表示电源电压与电流之间的相位差，同时也等于电路的阻抗角。φ 的取值范围在 $0° \sim 90°$ 之间，当 $\varphi = 0°$ 时，电路为纯电阻电路；当 $\varphi = 90°$ 时，电路为纯电感电路。

当电源的频率增大时，由于感抗与频率的变化成正比，当感抗 X_L 增加时，总的阻抗 Z 也增加；当 X_L 减小时，总的阻抗 Z 也随之减小。

相位角 φ 是由于 X_L 引起的，因此，X_L 的变化将引起相位角 φ 的变化。随着频率的增加，X_L 逐渐增加，因此相位角 φ 也随之增大；当频率减小时，X_L 逐渐减小，相位角 φ 也随之减小，如图 5-26 所示。

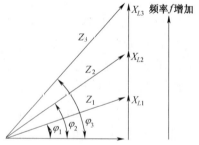

图 5-26　频率变化时，相位角随
X_L 的变化而变化

用正弦波的形式表示各个电压之间的关系，如图 5-27 所示。

【例 5.7】　试确定图 5-28 中电源电压与电路的相位角，并画出电压相量图。

解法 1：由于 $\dot{U}_R$ 和 $\dot{U}_L$ 之间的相位差为 $90°$，所以两者电压大小不能直接相加，必须作为相量相加。即

$$U_S = \sqrt{U_R^2 + U_L^2} = \sqrt{50^2 + 35^2}\,\mathrm{V} = 61\,\mathrm{V}$$

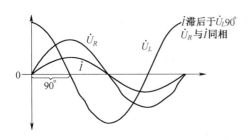

图 5-27 *RL* 串联电路中电压和电流的正弦波形图

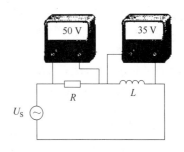

图 5-28 例 5.7 的图

电阻电压与电源电压之间的相位角为

$$\varphi = \mathrm{arctg}\,\frac{U_L}{U_R} = \mathrm{arctg}\,\frac{35}{50} = 35°$$

电压相量图如图 5-29 所示。

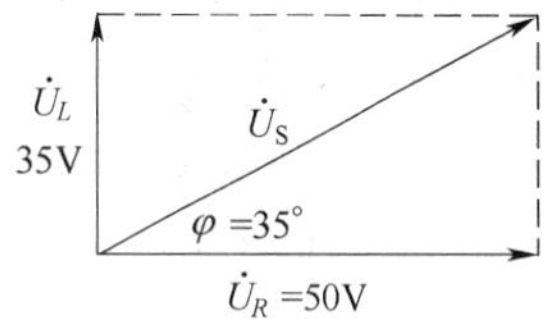

解法 2：相量法

在 *RL* 串联电路中，假设 $\dot{I} = I\underline{/0°}$，根据 KVL 方程可得

图 5-29 电压相量图

$$\dot{U}_S = \dot{U}_R + \dot{U}_L = R\dot{I} + \mathrm{j}X_L\dot{I} = RI\underline{/0°} + \mathrm{j}X_L I\underline{/0°}$$
$$= 50\underline{/0°}\,\Omega + \mathrm{j}35\underline{/0°}\,\Omega = 50\Omega + \mathrm{j}35\Omega = 61\underline{/35°}\,\Omega$$

【例 5.8】 在 *RL* 串联电路中，已知 $R = 1\mathrm{k}\Omega$，$L = 20\mathrm{mH}$，试确定在以下各频率时电路的阻抗和相位角：（1）10kHz；（2）20kHz；（3）30kHz。

解法 1：（1）频率 $f = 10\mathrm{kHz}$ 时，阻抗和相位角为

$$X_L = 2\pi f L = 2 \times 3.14 \times (10 \times 10^3) \times (20 \times 10^{-3})\,\Omega = 1.256 \times 10^3\,\Omega = 1.256\mathrm{k}\Omega$$

$$Z = \sqrt{R^2 + X_L^2} = \sqrt{1000^2 + (1.256 \times 10^3)^2}\,\Omega = 1.6\mathrm{k}\Omega$$

$$\varphi = \mathrm{arctg}\,\frac{X_L}{R} = \mathrm{arctg}\,\frac{1.256 \times 10^3}{1000} = 51.5°$$

（2）频率 $f = 20\mathrm{kHz}$ 时，阻抗和相位角为

$$X_L = 2\pi f L = 2 \times 3.14 \times (20 \times 10^3) \times (20 \times 10^{-3})\,\Omega = 2.51 \times 10^3\,\Omega = 2.51\mathrm{k}\Omega$$

$$Z = \sqrt{R^2 + X_L^2} = \sqrt{1000^2 + (2.51 \times 10^3)^2}\,\Omega = 2.7\mathrm{k}\Omega$$

$$\varphi = \mathrm{arctg}\,\frac{X_L}{R} = \mathrm{arctg}\,\frac{2.51 \times 10^3}{1000} = 68.3°$$

（3）频率 $f = 30\mathrm{kHz}$ 时，阻抗和相位角为

$$X_L = 2\pi f L = 2 \times 3.14 \times (30 \times 10^3) \times (20 \times 10^{-3})\,\Omega = 3.77\mathrm{k}\Omega$$

$$Z = \sqrt{R^2 + X_L^2} = \sqrt{1000^2 + (3.77 \times 10^3)^2}\,\Omega = 3.90\mathrm{k}\Omega$$

$$\varphi = \mathrm{arctg}\,\frac{X_L}{R} = \mathrm{arctg}\,\frac{3.77 \times 10^3}{1000} = 75.1°$$

从上例可以看出，随着频率的增加，X_L、Z 和 φ 都增加。

解法 2：在 *RL* 串联电路中有 $Z = R + \mathrm{j}X_L = R + \mathrm{j}2\pi f L$

(1) $Z = R + \text{j}2\pi fL = 1000\Omega + \text{j}2 \times 3.14 \times 10000 \times 20 \times 10^{-3}\Omega = 1000\Omega + \text{j}1256\Omega$

$= 1605 \ \underline{/51.5°}\ \Omega = 1.6\ \underline{/51.5°}\ \text{k}\Omega$

(2) $Z = R + \text{j}2\pi fL = 1000\Omega + \text{j}2 \times 3.14 \times 20000 \times 20 \times 10^{-3}\Omega = 1000\Omega + \text{j}2512\Omega$

$= 2703.7\ \underline{/68.3°}\ \Omega = 2.7\ \underline{/68.3°}\ \text{k}\Omega$

(3) $Z = R + \text{j}2\pi fL = 1000\Omega + \text{j}2 \times 3.14 \times 30000 \times 20 \times 10^{-3}\Omega = 1000\Omega + \text{j}3768\Omega$

$= 3898\ \underline{/75.1°}\ \Omega = 3.9\ \underline{/75.1°}\ \text{k}\Omega$

5.3.2 RL 串联电路的功率

在纯电阻交流电路中，电源发出的所有能量均被电阻以热能的形式消耗掉；在纯电感交流电路中，电源发出的所有能量是由电感元件不断地存储和释放，没有能量转换为热能；在电阻和电感元件的串联电路中，电源发出的一部分能量被电阻消耗掉，还有一部分能量由电感元件在不断地存储和释放。当 $R > X_L$ 时，电阻消耗的能量比电感元件存储的能量要多，因此，转换为热能的能量大小是由电阻和电感感抗的相对值来决定的。

电阻上所消耗的功率（**有功功率**）为

$$P = U_R I = RI^2 = UI\cos\varphi \tag{5-34}$$

电感元件存储和释放的能量（**无功功率**）为

$$Q = U_L I = I^2 X_L = UI\sin\varphi \tag{5-35}$$

电路中总电压和总电流有效值的乘积（**视在功率**）为

$$S = UI = |Z|I^2 \tag{5-36}$$

有功功率、无功功率和视在功率之间的关系为

$$S^2 = P^2 + Q^2 \tag{5-37}$$

【例 5.9】 试确定图 5-30 所示电路的功率因数、有功功率、无功功率和视在功率。

解法 1：电路阻抗为

$$Z = \sqrt{R^2 + X_L^2}$$
$$= \sqrt{1000^2 + 2000^2}\ \Omega = 2.24\text{k}\Omega$$

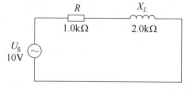

图 5-30　例 5.9 的图

电流为

$$I = \frac{U_S}{Z} = \frac{10}{2.24 \times 10^3} = 4.47\text{mA}$$

相位角为

$$\varphi = \text{arctg}\frac{X_L}{R} = \text{arctg}\frac{2000}{1000} = 63.4°$$

因此，功率因数为

$$\cos\varphi = \cos63.4° = 0.448$$

有功功率为

$$P = U_S I\cos\varphi = 10\text{V} \times (4.47 \times 10^{-3})\text{A} \times 0.448 = 20\text{mW}$$

无功功率为

$$Q = I^2 X_L = (4.47 \times 10^{-3}\text{A})^2 \times 2000\Omega = 40.0\text{mvar}$$

视在功率为

$$S = I^2 Z = (4.47 \times 10^{-3}A)^2 \times 2.24 \times 10^3 \Omega = 44.8mV \cdot A$$

解法 2：相量法。假设 *RL* 串联电路中的电流为 $\dot{I} = I \underline{/0°}$，可得

$$\dot{U}_S = U_S\underline{/\varphi} = (R + jX_L)\dot{I} = (1000\Omega + j2000\Omega)I\underline{/0°} = 2236\underline{/63.4°}\ \Omega \times I\underline{/0°}$$

$$= 2236I\underline{/63.4°}\ V$$

所以

$$I = \frac{U_S}{2236} = \frac{10V}{2236\Omega} = 4.47 \times 10^{-3}A = 4.47mA$$

$$\varphi = 63.4°$$

因此，功率因数、有功功率、无功功率、视在功率分别为

$$\cos\varphi = \cos63.4° = 0.448$$

$$P = RI^2 = 1000 \times 4.47 \times 10^{-3} \times 4.47 \times 10^{-3}W = 20mW$$

$$Q = I^2X_L = (4.47 \times 10^{-3})^2 \times 2000var = 39.9mvar$$

$$S = I^2Z = UI = 10 \times 4.47 \times 10^{-3}V \cdot A = 44.7mV \cdot A$$

5.4 *RLC* 串联电路与谐振

谐振是频率选择的基础，所以电路中的谐振对于某些类型的电子系统，特别是通信领域的电子系统而言尤为重要。例如，收音机或者电视接收器选择某个电台（频道）的发射频率，同时屏蔽其他电台（频道）的频率，这种选台的能力就是基于谐振原理的。

5.4.1 *RLC* 串联电路的特性

串联 *RLC* 电路中包含电阻、电感和电容，如图 5-31 所示，根据前面所学的内容，感抗（X_L）导致总电流滞后于电源电压，而容抗具有相反的效应，即容抗（X_C）导致电流超前于电压，因此，感抗 X_L 和容抗 X_C 趋于相互抵消。当 $X_L = X_C$ 时，它们将完全抵消掉，总电抗 $X = 0$。在这种情况下，串联电路的总阻抗为

$$Z = R + j(X_L - X_C) \tag{5-38}$$

其中，阻抗的模为

$$|Z| = \sqrt{R^2 + (X_L - X_C)^2} \tag{5-39}$$

电路的相位角为

$$\varphi = \text{arctg}\frac{X}{R} = \text{arctg}\frac{X_L - X_C}{R} \tag{5-40}$$

下面用相量形式来表示 *RLC* 串联电路中的电压和电流关系。根据基尔霍夫定律可得

$$\dot{U}_S = \dot{U}_R + \dot{U}_L + \dot{U}_C = R\dot{I} + jX_L\dot{I} - jX_C\dot{I} \tag{5-41}$$

$$= [R + j(X_L - X_C)]\dot{I} = Z\dot{I}$$

相量图如图 5-32 所示。相角为

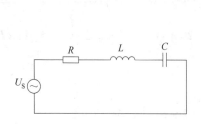

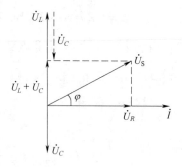

图 5-31　RLC 串联电路　　　　　　图 5-32　电流与电压相量图

$$\varphi = \text{arctg}\frac{U_L - U_C}{U_R} = \text{arctg}\frac{X_L - X_C}{R} \tag{5-42}$$

同样，电路的功率为

有功功率：
$$P = U_R I = RI^2 = UI\cos\varphi \tag{5-43}$$

无功功率：
$$Q = (U_L - U_C)I = (X_L - X_C)I^2 = UI\sin\varphi \tag{5-44}$$

视在功率：
$$S = UI = |Z|I^2 \tag{5-45}$$

【例 5.10】　试确定图 5-33 所示电路的总阻抗与阻抗角。如果电源频率增至 2000Hz，电路阻抗和相位角又为多少？

解：（1）首先求解 X_C 和 X_L：

$$X_C = \frac{1}{2\pi fC} = \frac{1}{2 \times 3.14 \times 1000 \times 0.56 \times 10^{-6}}\Omega = 284\Omega$$

$$X_L = 2\pi fL = 2 \times 3.14 \times 1000 \times (100 \times 10^{-3})\Omega = 628\Omega$$

在这种情况下，X_L 比 X_C 大，所以电路是电感性的，而不是电容性的，总阻抗的大小为

图 5-33　例 5.10 的图

$$Z = \sqrt{R^2 + (X_L - X_C)^2} = \sqrt{560^2 + (628 - 284)^2}\Omega = 657\Omega$$
$$\text{（电感性）}$$

相位角为

$$\varphi = \text{arctg}\frac{X_L - X_C}{R} = \text{arctg}\frac{628 - 284}{560} = 31.6°\text{（电路电流滞后于电源电压）}$$

（2）当电源频率增至 2000Hz 时，X_C 和 X_L 均随着变化：

$$X_C = \frac{1}{2\pi fC} = \frac{1}{2 \times 3.14 \times 2000 \times 0.56 \times 10^{-6}}\Omega = 142\Omega$$

$$X_L = 2\pi fL = 2 \times 3.14 \times 2000 \times (100 \times 10^{-3})\Omega = 1256\Omega$$

同样，X_L 比 X_C 大，电路是电感性的，总阻抗的大小为

$$Z = \sqrt{R^2 + (X_L - X_C)^2} = \sqrt{560^2 + (1256 - 142)^2}\Omega = 1246.8\Omega \quad \text{（电感性）}$$

相位角为

$$\varphi = \text{arctg}\frac{X_L - X_C}{R} = \text{arctg}\frac{1256 - 142}{560} = 63.3° \quad \text{（电流滞后于电源电压）}$$

由上例可以看出，随着频率的增加，X_C 逐渐减小，而 X_L 逐渐增大；二者的变化过程如

图 5-34 所示。初始频率很低时，X_C 很高而 X_L 很低，电路是电容性的；随着频率的增加，当 $X_L = X_C$ 时，两个电抗相互抵消，使得电路表现为纯电阻性，此状态称为串联谐振。当频率进一步增加，X_L 将变得比 X_C 大，这时电路表现出电感性。

【例 5.11】 在 *RLC* 串联的交流电路中，已知 $R = 30\,\Omega$，$L = 127\,\mathrm{mH}$，$C = 40\,\mu\mathrm{F}$，电源电压 $u = 220\sqrt{2}\sin(314t + 20°)\,\mathrm{V}$，（1）求电流 i 和各元件上的电压；（2）画出相量图；（3）求功率。

解：先将电压转化为相量表示：

$$\dot{U} = 220\ \underline{/20°}\ \mathrm{V}$$

然后求出电路的阻抗：

$$X_L = \omega L = 314 \times (127 \times 10^{-3})\,\Omega = 40\,\Omega$$

$$X_C = \frac{1}{\omega C} = \frac{1}{314 \times 40 \times 10^{-6}}\,\Omega = 80\,\Omega$$

$$Z = R + \mathrm{j}(X_L - X_C) = 30\,\Omega + \mathrm{j}(40 - 80)\,\Omega = 30\,\Omega - \mathrm{j}40\,\Omega = 50\ \underline{/-53°}\ \Omega$$

由欧姆定律可得

$$\dot{I} = \frac{\dot{U}}{Z} = \frac{220\ \underline{/20°}\ \mathrm{V}}{50\ \underline{/-53°}\ \Omega} = 4.4\ \underline{/73°}\ \mathrm{A}$$

$$\dot{U}_R = R\dot{I} = 30\,\Omega \times 4.4\ \underline{/73°}\ \mathrm{A} = 132\ \underline{/73°}\ \mathrm{V}$$

$$\dot{U}_L = \mathrm{j}X_L\dot{I} = \mathrm{j}40\,\Omega \times 4.4\ \underline{/73°}\ \mathrm{A} = 176\ \underline{/163°}\ \mathrm{V}$$

$$\dot{U}_C = -\mathrm{j}X_C\dot{I} = -\mathrm{j}80\,\Omega \times 4.4\ \underline{/73°}\ \mathrm{A} = 352\ \underline{/-17°}\ \mathrm{V}$$

写成正弦函数的形式：

$$i = 4.4\sqrt{2}\sin(314t + 73°)\,\mathrm{A}$$

$$u_R = 132\sqrt{2}\sin(314t + 73°)\,\mathrm{V}$$

$$u_L = 176\sqrt{2}\sin(314t + 163°)\,\mathrm{V}$$

$$u_C = 352\sqrt{2}\sin(314t - 17°)\,\mathrm{V}$$

（2）电流和各个电压的相量图如图 5-35 所示。

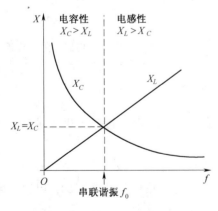

图 5-34 X_C 和 X_L 随频率的变化

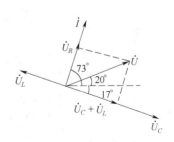

图 5-35 例 5.11 的相量图

（3）电路的功率为

$$P = UI\cos\varphi = 220\text{V} \times 4.4\text{A} \times \cos(-53°) = 220\text{V} \times 4.4\text{A} \times 0.6 = 580.8\text{W}$$

$$Q = UI\sin\varphi = 220\text{V} \times 4.4\text{A} \times \sin(-53°) = 220\text{V} \times 4.4\text{A} \times (-0.8) = -774.4\text{var}$$

$$S = UI = 220\text{V} \times 4.4\text{A} = 968\text{V} \cdot \text{A}$$

5.4.2 串联谐振

在串联 RLC 电路中，当 $X_L = X_C$ 时，电路发生谐振，此时的频率就称为**谐振频率**，用 f_0 表示。

根据谐振的定义，有：

$$X_L = X_C \qquad 即 \qquad 2\pi f_0 L = \frac{1}{2\pi f_0 C}$$

可得谐振频率为

$$f_0 = \frac{1}{2\pi \sqrt{LC}} \tag{5-46}$$

谐振发生时，由于两元件串联，流经的电流相同，感抗和容抗又相等，所以电感和电容的端电压大小相等，并且相位角总是相差 180°。

串联谐振具有以下几方面特征。

1. 电路阻抗为最小，$Z = R$，即电路对外呈现电阻性

当频率为零时（直流），在 RLC 串联电路中电容器可看做开路，电感器可看做短路，电路总阻抗为无穷大；随着频率的增加，X_C 逐渐减小，而 X_L 逐渐增大，当频率低于 f_0 时，X_C 大于 X_L，Z 也随着 X_C 减小而逐渐减小；当频率等于 f_0 时，$X_C = X_L$，$Z = R$；当频率高于 f_0 时，由于 X_L 的快速增长，导致 Z 也增大。阻抗的变化如图 5-36 所示。

2. 电路中的电流达到最大值

当频率为 0 时，由于阻抗为无穷大，电路中的电流为 0；随着频率的增加，且低于谐振频率时，总阻抗减小使得电路的电流逐渐增加；当频率达到谐振频率时，由于 $Z = R$，为最小值，因此，在电源电压不变的情况下，电路中的电流达到最大值，即

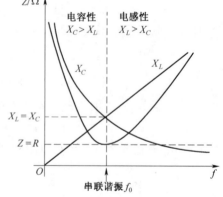

图 5-36 串联 RLC 电路中阻抗随频率的变化

$$I = I_0 = \frac{U}{R} \tag{5-47}$$

当频率高于谐振频率时，由于总阻抗 Z 开始增加，因此，电流又开始逐渐减小，随着频率越来越高，电流又趋近于零。

3. 电容电压 U_C 和电感电压 U_L 相等，且达到最大值

当频率从 0 逐渐增大且低于谐振频率时，由于电路中的电流逐渐增加，电容、电感和电阻上的电压都随着增加；当 $f = f_0$ 时，$X_C = X_L$，$Z = R$，电路中电流 I 最大，因此可得

$$U_L = X_L I = X_L \frac{U_s}{|Z|} = X_L \frac{U_s}{R} = \frac{\omega_0 L}{R} U_s = Q U_s \tag{5-48}$$

$$U_C = X_C I = X_C \frac{U_s}{|Z|} = X_C \frac{U_s}{R} = \frac{U_s}{\omega_0 CR} = QU_s \tag{5-49}$$

$$Q = \frac{\omega_0 L}{R} = \frac{1}{\omega_0 CR} \tag{5-50}$$

式中，Q 称为品质因数。

当 $X_L = X_C > R$ 时，U_L 和 U_C 都高于电源电压 U，如果电压过高时，可能会击穿线圈和电容器的绝缘，因此，在电力工程中一般应避免发生串联谐振。但是，在无线电工程中，则常利用串联谐振以获得较高电压。

【例 5.12】 在 RLC 串联电路中，已知电源电压 $U_s = 5V$，$R = 10\Omega$，$C = 470pF$，$L = 0.5mH$，求电路中的谐振频率以及谐振时的电流和各元件电压。

解：（1）根据谐振频率的公式可得谐振频率：

$$f_0 = \frac{1}{2\pi \sqrt{LC}} = \frac{1}{2 \times 3.14 \times \sqrt{0.5 \times 10^{-3} \times 470 \times 10^{-12}}} HZ = 328kHz$$

（2）求出 X_L、X_C 的值：

$$X_L = 2\pi f_0 L = 2 \times 3.14 \times 328 \times 10^3 \times 0.5 \times 10^{-3} \Omega = 1030\Omega = 1.03k\Omega$$

$$X_C = \frac{1}{2\pi f_0 C} = \frac{1}{2 \times 3.14 \times 328 \times 10^3 \times 470 \times 10^{-12}} \Omega = 1.03k\Omega$$

或者可由谐振时 $X_C = X_L = 1.03k\Omega$ 求出 X_C。

$$\dot{I} = \frac{\dot{U}_s}{R} = \frac{5 \underline{/0°} \text{ V}}{10\Omega} = 0.5 \underline{/0°} \text{ A}$$

$$\dot{U}_R = \dot{I} R = 10A \times 0.5 \underline{/0°} \Omega = 5 \underline{/0°} \text{ V}$$

$$\dot{U}_L = \dot{I} jX_L = 0.5 \underline{/0°} \text{ A} \times 1030 \underline{/90°} \Omega = 515 \underline{/90°} \text{ V}$$

$$\dot{U}_C = \dot{I} (-jX_C) = 0.5 \underline{/0°} \text{ A} \times 1030 \underline{/-90°} \Omega = 515 \underline{/-90°} \text{ V}$$

5.5 交流电流和交流功率的测量

交流电压和交流电流可以用交流电压表、交流电流表进行测量，或者使用万用表，选择相应的交流量程进行测量，在测量电流时，将交流电流表串联在电路中。但是在实际检测中，线路中的导线不能断开，常常使用钳形表来测量交流电流。

5.5.1 钳形表的使用

钳形电流表简称钳形表，如图 5-37 所示，根据其结构及用途分为互感器式和电磁系两种。常用的是互感器式钳形电流表，由电流互感器和整流系仪表组成。它只能测量交流电流。电磁系仪表可动部分的偏转与电流的极性无关，因此，它可以交直流两用。下面以互感器式钳形表为例进行介绍。

1. 钳形电流表的结构

互感器式钳形表主要由一只电磁式电流表和穿心式电流互感

图 5-37　钳形表

器组成。穿心式电流互感器的铁心制成活动开口，且成钳形，故名钳形电流表，如图 5-38 所示，是一种用于测量正在运行的电气线路的电流大小的便携式仪表，可在不断电的情况下直接测量电路的交流电流，在电气检修中使用非常方便，应用相当广泛。

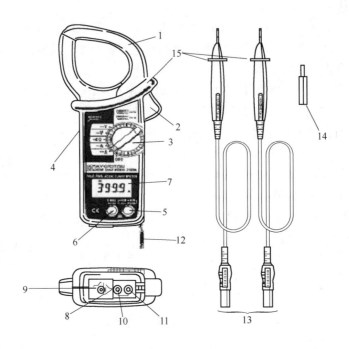

图 5-38　钳形电流表的组成

1—钳形转换器：测取导体电流　2—钳口扳：用来操纵钳形转换器，按下即可打开钳形转换器　3—功能选择开关：选择功能，也用来开启仪表　4—数据保持按钮：保留显示读数，此时屏上显示 "H" 标志　5—模式选择按钮：选择测量模式，仪表一般默认为普通模式（NOR）　6—调零/复位按钮　7—数字显示屏　8—端口盖　9—输出端（只对交流/直流电流量程）　10—COM 端　11—V/Ω 端　12—安全提绳　13—测试引线　14—输出插头　15—防护栏

钳形电流表分高、低压两种，使用高压钳形表时应注意钳形电流表的电压等级，严禁用低压钳形表测量高电压回路的电流。测量电流时，按动扳手，打开钳口，将被测载流导线置于穿心式电流互感器的中间，当被测导线中有交变电流通过时，交流电流的磁通在互感器二次绕组中感应出电流，该电流通过电磁式电流表的线圈，使指针发生偏转，在表盘标度尺上指出被测电流值。

钳形表可以通过转换开关改换不同的量程。但换挡时不允许带电进行操作。钳形表一般准确度不高，通常为 2.5 ~ 5 级。为了使用方便，表内还有不同量程的转换开关供测不同等级电流以及测量电压的功能。

2. 交流电流的测量

使用钳形表测量交流电流的方法如图 5-39 所示。

1）将功能选择开关转到 "~A" 位置，显示屏左上角将会显示 "AC" 标志。

2）按下钳口扳打开钳口并钳在测量导体上，然后即可获取读数。当被测导体被夹于钳

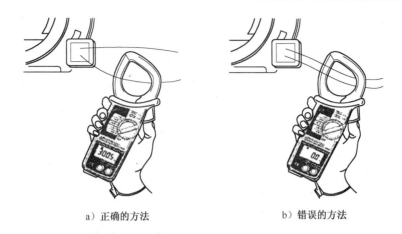

a) 正确的方法   b) 错误的方法

图 5-39 交流电流的测量方法

口中央时测出的读数最精确。

3. 交流电压的测量

交流电压的测量方法如图 5-40 所示。

1）将功能选择开关转到"～V"位置，显示屏左上角将会显示"AC"标志。

2）将端口盖滑动到左边后，即露出 V/Ω 和 COM 接口，将红色测试线插入 V/Ω 端，将黑色测试线插入 COM 端。

3）将红色与黑色测试引线的测试端接在被测电路上，读取测量值。

在交流电流和交流电压测量时，会显示被测电流或电压的频率。

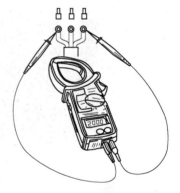

图 5-40 交流电压的测量方法

钳形表最初是用来测量交流电流的，但是现在它可以测量交直流电压、电流，电容容量，二极管和晶体管参数，电阻，温度，频率等等。

5.5.2 功率表的使用

直流功率可以用电压表和电流表进行测量（$P = UI$），但是交流功率除了和电流电压有关外，还与功率因数有关，即 $P = UI\cos\varphi$，所以用电压表和电流表测出的是视在功率。测量交流功率时，使用图 5-41 所示的功率表。

功率表有两个线圈：电压线圈和电流线圈，在测量时要注意两个线圈的连接方式，电流线圈与负载串联，电压线圈与负载并联。为了防止电动系功率表的指针反偏，接线时电流线圈标有"＊"号的端必须接到电源的正极，另一端则与负载相连；电压线圈标有"＊"号的端与电流线圈的"＊"号的端接在一起，另一电压端则跨接到负载的另一端，如图 5-42 所示。

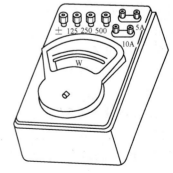

图 5-41 功率表

测量前要正确选择功率表的量程，即选择功率表中的电流量程和电压量程，使功率表中的电流量程不小于负载电流，电压量程不低于负载电压，而不能仅从功率量程来考虑。所以，在测量功率前要根据负载的额定电压和额定电流来选择功率表的量程。

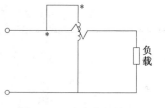

图 5-42   功率表的接法

5.5.3   功率因数表的使用

功率因数可以用电压表、电流表测出视在功率，然后与功率表测出的有功功率相除得出，即 $\cos\varphi = P/S$，也可以用功率因数表测出。

电动系的单相功率因数表原理如图 5-43 所示，其可动部分由两个互相垂直的动圈组成。动圈 1 与电阻 R 串联后接以电源电压 U，并和通以负载电流 I 的固定线圈（静圈）组合，相当于一个功率表，连接方式与功率表相同。

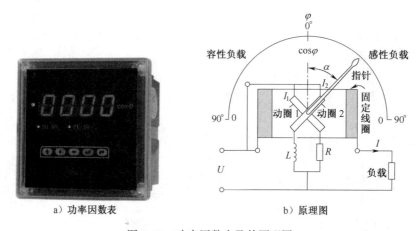

a）功率因数表   b）原理图

图 5-43   功率因数表及其原理图

5.6   功率因数的提高

在直流电路中，功率就等于电压和电流的乘积，但是在交流电路中，计算有功功率时还要考虑电路电压与电流之间的相位差 φ，因此，功率因数 $\cos\varphi$ 在决定有多少有用的功率传递至负载时是非常重要的。功率因数最大为 1，只有在电路为纯电阻负载时，电流和电压才同相；当负载为纯电感或者纯电容时，流经负载的电流与电压的相位相差 90°，功率因数为 0，对于一般负载，其功率因数介于 0 和 1 之间。

一般来说，功率因数尽可能地接近于 1 是合理的。如果功率因数太低，就会出现下面两个问题：

1. 发电设备的容量不能充分利用

当功率因数小于 1 时，发电机所能发出的功率又不能超过额定功率，显然这时发电机发出的有功功率就减小了，即电路负载中所能使用的功率减小了，而只在电源与负载之间来回转换的无功功率却增大了，这样，发电机发出的能量不能被充分利用。

2. 增加线路和发电机绕组的功率损耗

由于发电机的额定功率和电压保持不变，根据有功功率的公式：

$$P = UI\cos\varphi$$

当功率因数越低时，电路中的电流就越大，因此，在输电线路和发电机绕组上损耗就越大。

在日常生活和生产中，存在很多的电感性负载，例如：荧光灯、变压器、电动机等，在额定状态下功率因数在 $0.7 \sim 0.9$，轻载时的功率因数就更低。因此，如何提高负载的功率因数，减少电源与负载之间的能量互换，充分利用发电设备的容量，具有重要的意义。

提高功率因数，最常用的方法就是在电感性负载两端并联静电电容器，如图 5-44 所示。

由于此电路为并联电路，电容器两端的电压与 *RL* 电路两端的电压相同，因此，假设电源的电压相量为

$$\dot{U} = U \underline{/0°} \text{ V}$$

并联电容器 *C* 之前，功率因数为 $\cos\varphi_1$，电路中的电流大小为

$$I_1 = \frac{P}{U\cos\varphi_1}$$

并联电容器 *C* 之后，功率因数为 $\cos\varphi$，电路中的总电流变为

$$I = \frac{P}{U\cos\varphi}$$

由于电容器上的电流 I_c 超前于电压 90° 相位角，因此，画出各部分的相量图，如图5-45所示。

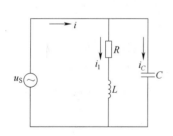

图 5-44 电感性负载并联电容器提高功率因数　　　图 5-45 电感性负载关联电容器之后的相量图

根据基尔霍夫电流定律：

$$\dot{I} = \dot{I}_1 + \dot{I}_c$$

根据相量图,可以计算出电容电流 I_c 的大小：

$$I_C = I_1\sin\varphi_1 - I\sin\varphi = \frac{P}{U\cos\varphi_1}\sin\varphi_1 - \frac{P}{U\cos\varphi}\sin\varphi$$

$$= \frac{P}{U}(\text{tg}\varphi_1 - \text{tg}\varphi)$$

又因为

$$I_C = \frac{U}{X_C} = U\omega C = 2\pi fCU$$

可得

$$C = \frac{P}{\omega U^2}(\text{tg}\varphi_1 - \text{tg}\varphi) \tag{5-51}$$

上式为电感性负载功率因数提高时需要并联的电容器的大小。

【例 5.13】 荧光灯电路是由荧光灯管（纯电阻）和镇流器（纯电感）串联组成，其功率 $P = 10\text{kW}$，功率因数 $\cos\varphi_1 = 0.6$，接在电压 $U = 220\text{V}$ 的电源上，电源频率 $f = 50\text{Hz}$，（1）如果将功率因数提高到 $\cos\varphi = 0.95$，试求与负载并联的电容器的电容值和电容器并联前后的线路电流；（2）如果要将功率因数从 0.95 再提高到 1，试问并联电容器的电容值还需要增加多少？

解：（1）并联电容器之前，功率因数为 $\cos\varphi_1 = 0.6$，即 $\varphi_1 = 53°$；

并联电容器之后，功率因数为 $\cos\varphi = 0.95$，即 $\varphi = 18°$；

因此，所需要的电容为

$$C = \frac{P}{2\pi fU^2}(\text{tg}\varphi_1 - \text{tg}\varphi) = \frac{10 \times 10^3}{2 \times 3.14 \times 50 \times 220^2}(\text{tg}53° - \text{tg}18°)\text{F}$$

$$= 659 \times 10^{-6}\text{F} = 659\,\mu\text{F}$$

并联电容器之前的线路电流：

$$I_1 = \frac{P}{U\cos\varphi_1} = \frac{10 \times 10^3}{220 \times 0.6}\text{A} = 75.6\text{A}$$

并联电容器之后的线路电流：

$$I = \frac{P}{U\cos\varphi} = \frac{10 \times 10^3}{220 \times 0.95}\text{A} = 47.8\text{A}$$

（2）如果要将功率因数由 0.95 再提高到 1，则需要增加的电容值为

$$C = \frac{P}{2\pi fU^2}(\text{tg}\varphi_1 - \text{tg}\varphi) = \frac{10 \times 10^3}{2 \times 3.14 \times 50 \times 220^2}(\text{tg}18° - \text{tg}0°)\text{F}$$

$$= 213.6\,\mu\text{F}$$

可见，在功率因数已经接近 1 时再继续提高，则所需要的电容器很大，因此，一般不必提高到 1。

注意： 并联电容器之后，尽管提高了功率因数，但是电路中的有功功率并没有改变，因为电阻值保持不变。

本 章 小 结

1. 阻抗

等效阻抗：$\qquad\qquad\qquad\qquad Z = R + jX$

阻抗串联：$\qquad\qquad Z = Z_1 + Z_2 + \cdots + Z_n = \sum_{i=1}^{n} Z_i$

阻抗并联：$\qquad\qquad Z = \dfrac{1}{\dfrac{1}{Z_1} + \dfrac{1}{Z_2} + \cdots + \dfrac{1}{Z_n}} = \dfrac{1}{\sum\limits_{i=1}^{n} \dfrac{1}{Z_i}}$

2. RC 串联电路

$$\dot{U}_S = \dot{U}_R + \dot{U}_C = (R - jX_C)\dot{I} = Z\dot{I} \qquad \text{总电流超前总电压 } \varphi \text{ 角}$$

$$\dot{U}_R = \dot{I}R = \dot{U}_S\cos\varphi \qquad\qquad \text{电阻电压 } \dot{U}_R \text{ 与电流 } \dot{I} \text{ 同相位}$$

$$\dot{U}_C = -jX_C\dot{I} = \dot{U}_S\sin\varphi \qquad\qquad \text{电容电压 } \dot{U}_C \text{ 滞后电流 } \dot{I}\ 90°$$

相位角： $$\varphi = -\text{arctg}\,\frac{U_C}{U_R} = -\text{arctg}\,\frac{X_C}{R}$$

随着频率的增加，X_C 逐渐减小，因此相位角 φ 也随之减小。

有功功率： $$P = U_R I = RI^2 = UI\cos\varphi$$

无功功率： $$Q = -U_C I = -I^2 X_C = -UI\sin\varphi$$

视在功率： $$S = UI = |Z|I^2$$
$$S^2 = P^2 + Q^2$$

3. *RL* 串联电路

$$\dot{U}_S = \dot{U}_R + \dot{U}_L = (R + \text{j}X_L)\dot{I} = Z\dot{I}$$ 总电流滞后总电压 φ 角

$$\dot{U}_R = \dot{I}R = \dot{U}_S\cos\varphi$$ 电阻电压 $\dot{U}_R$ 与电流 $\dot{I}$ 同相位

$$\dot{U}_L = \text{j}X_L\dot{I} = \dot{U}_S\sin\varphi$$ 电感电压 $\dot{U}_L$ 超前电流 I 90°

相位角： $$\varphi = \text{arctg}\,\frac{U_L}{U_R} = \text{arctg}\,\frac{X_L}{R}$$

随着频率的增加，X_L 逐渐增大，因此相位角 φ 也随之增大。

有功功率： $$P = U_R I = RI^2 = UI\cos\varphi$$

无功功率： $$Q = U_L I = I^2 X_L = UI\sin\varphi$$

视在功率： $$S = UI = |Z|I^2$$
$$S^2 = P^2 + Q^2$$

4. *RLC* 串联电路

$$\dot{U}_S = \dot{U}_R + \dot{U}_L + \dot{U}_C = [R + \text{j}(X_L - X_C)]\dot{I} = Z\dot{I}$$

相位角： $$\varphi = \text{arctg}\,\frac{\dot{U}_L + \dot{U}_C}{\dot{U}_R} = \text{arctg}\,\frac{X_L - X_C}{R}$$

有功功率： $$P = U_R I = RI^2 = UI\cos\varphi$$

无功功率： $$Q = (X_L - X_C)I^2 = UI\sin\varphi$$

视在功率： $$S = UI = |Z|I^2$$
$$S^2 = P^2 + Q^2$$

5. *RLC* 串联谐振

谐振频率： $$f_0 = \frac{1}{2\pi\sqrt{LC}}$$

串联谐振的特征：

1）电路对外呈现电阻性，$Z = R$。

2）电路中的电流达到最大值。

3）电容电压 U_C 和电感电压 U_L 相等，且达到最大值。

6. 功率因数的提高

提高功率因数的作用：

1）充分利用发电设备的容量。

2）减小线路和发电机绕组的功率损耗。

提高功率因数最常用的方法就是**并联电容器**。减少了无功功率 Q，但是**电路中的有功功率 P 并没有改变**。

练 习 题

1. 有一 RC 串联电路，已知 $R = 4\Omega$，$X_C = 3\Omega$，电源电压 $\dot{U} = 100 \underline{/0°}$ V，试求电流 $\dot{I}$。

2. 将 60Ω 的电阻和 80Ω 的容抗串联连接后，加上 100V 的正弦交流电压，试求电流的大小及电压和电流的相位差。

3. 试计算图 5-46 所示电路中每个电路的阻抗和阻抗角。

4. 电路如图 5-47 所示，试求各电路的阻抗，画出相量图，并分析电流 i 和电压 u 的相位关系。

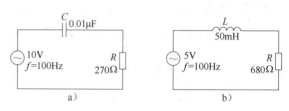

图 5-46　题 3 的图

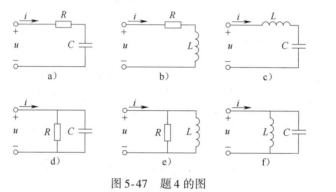

图 5-47　题 4 的图

5. 为了使电路的总电流等于 10mA，那么图 5-48 所示电路中的可变电阻应该设置成多少？最终的相位角是多少？

6. 在图 5-49 所示的电路中，设 $i = 2\sin 6280t$ mA，试分析电流在 R 和 C 两个支路之间的分配，并估算电容器两端电压的有效值。

7. 有一 RC 串联电路，电源电压为 u，电阻和电容上的电压分别为 u_R 和 u_C，已知电路阻抗模为 2000Ω，频率为 1000Hz，并设 u 与 u_C 之间的相位差为 $30°$，试求 R 和 C，并说明在相位上 u_C 比 u 超前还是滞后。

8. 无源二端网络如图 5-50 所示，输入端的电压 $u = 220\sqrt{2}\sin(314t + 20°)$ V，电流 $i = 4.4\sqrt{2}\sin(314t - 33°)$ A，试求此二端网络由两个元件串联的等效电路和元件的参数值，并求二端网络的功率因数及输入的有功功率和无功功率。

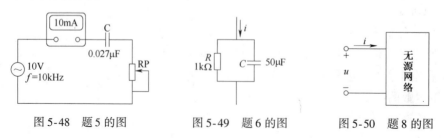

图 5-48　题 5 的图　　　图 5-49　题 6 的图　　　图 5-50　题 8 的图

9. 图 5-51 所示为一移相电路。如果 $C = 0.01\mu\text{F}$，输入电压 $u_1 = \sqrt{2}\sin 6280t\text{V}$，今欲使输出电压 u_2 在相位上前移 $60°$，问应配多大的电阻 R？此时输出电压的有效值 U_2 等于多少？

10. 图 5-52 所示为一移相电路。已 $R = 100\Omega$，输入电压的频率为 500Hz，如果要求输出电压 u_2 与输入电压 u_1 间的相位差为 $45°$，试求电容的大小。与上题比较，u_2 与 u_1 在相位上有何不同？

11. 计算图 5-53 所示电路的总电流，以及流经 L_2 和 L_3 的电流，并计算电路的视在功率。

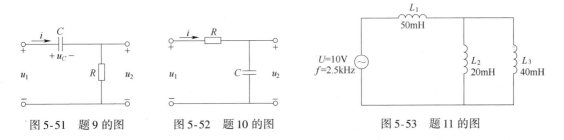

图 5-51 题 9 的图　　　　图 5-52 题 10 的图　　　　图 5-53 题 11 的图

12. 将一 30Ω 的电阻和 40Ω 的感抗串联连接，如果加上 10V 的正弦交流电压，则有多大的电流通过？

13. 5Ω 的电阻和 0.02H 的电感串联连接时，电路中的阻抗是多少？此时，设频率为 50Hz。

14. 在将 60Ω 的电阻和 15Ω 的感抗串联连接的电路中，如果有 10A 的电流通过，试问加在电路上的电压是多少？

15. *RL* 串联电路的阻抗 $Z = (4 + \text{j}3)\Omega$，试问该电路的电阻和感抗各为多少？并求电路的功率因数和电压与电流间的相位差。

16. 荧光灯管与镇流器串联接到交流电压上，可看作为 *RL* 串联电路。如已知某灯管的等效电阻 $R_1 = 280\Omega$，镇流器的电阻和电感分别为 $R_2 = 20\Omega$ 和 $L = 1.65\text{H}$，电源电压 $U = 220\text{V}$，试求电路中的电流和灯管两端与镇流器上的电压。这两个电压加起来是否等于 220V？电源频率为 50Hz。

17. 有一 200V/600W 的电炉，不得不用在 380V 的电源上。欲使电炉电压保持在 220V 的额定值，（1）应给它串联多大的电阻？（2）或者应给它串联感抗为多大的电感线圈（其电阻可忽略不计）？（3）从效率和功率因数上比较上述两种方法，串联电容器是否也可以？

18. 一个线圈接在 $U = 120\text{V}$ 的直流电源上，$I = 20\text{A}$；若接在 $f = 50\text{Hz}$，$U = 220\text{V}$ 的交流电源上，则 $I = 28.2\text{A}$。试求线圈电阻 R 和电感 L。

19. 在一个 *RL* 串联电路中，加上 100V 的电压，电功率为 320W，视在功率为 400VA，求电路中的电阻 R 和感抗 X_L 的值。

20. 有一 CJ0 – 10A 型交流接触器，其线圈数据为 380V/30mA/50Hz，线圈电阻 $1.6\text{k}\Omega$，试求线圈电感。

21. 有一 JZ7 型中间继电器，其线圈数据为 380V 50Hz，线圈电阻 $2\text{k}\Omega$，线圈电感 43.3H，试求线圈电流及功率因数。

22. 计算下列各题，并说明电路的性质：

（1）$\dot{U} = 10 \underline{/30°}\ \text{V}$，$Z = (5 + \text{j}5)\Omega$，求 $\dot{I}$ 和 P 的值；

（2）$\dot{U} = 30 \underline{/15°}\ \text{V}$，$\dot{I} = -3 \underline{/-165°}\ \text{A}$，求 R、X 和 P 的值；

（3）$\dot{U} = -100 \underline{/30°}\ \text{V}$，$\dot{I} = 5[\cos(-60°) + \text{j}\sin(-60°)]\text{A}$，求 R、X 和 P 的值。

23. 有一 *RLC* 串联的交流电路，已知 $R = X_L = X_C = 10\Omega$，$I = 1\text{A}$，试求其两端的电压 U。

24. 计算图 5-54 所示两电路的阻抗 Z_{ab}。

25. 在图 5-55 所示的电路中，$X_L = X_C = R$，已知电流表 A_1 的读数为 3A，试问 A_2 和 A_3 的读数为多少？

26. 有一 *RLC* 元件的串联交流电路，已知 $R = 10\Omega$，$L = 0.032H$，$C = 318.47\mu F$，在电容元件的两端并联一短路开关 S。（1）当电源电压为 220V 的直流电压时，试分别计算在短路开关闭合和断开两种情况下电路中的电流 I 及各元件上的电压 U_R，U_L，U_C。（2）当电源电压为正弦电压 $u = 220\sqrt{2}\sin314t$ V 时，试分别计算在上述两种情况下电流及各电压的有效值。

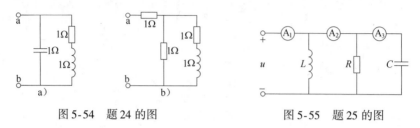

图 5-54　题 24 的图　　　　　图 5-55　题 25 的图

27. 在图 5-56 所示的各电路图中，除 A_0 和 V_0 外，其余电流表和电压表的读数在图上都已标出（都是正弦量的有效值），试求电流表 A_0 或电压表 V_0 的读数。

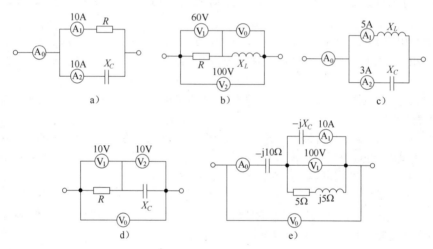

图 5-56　题 27 的图

28. 在图 5-57 中，电流表 A_1 和 A_2 的读数分别为 $I_1 = 3A$，$I_2 = 4A$。（1）设 $Z_1 = R$，$Z_2 = -jX_C$，则电流表 A_0 的读数应为多少？（2）设 $Z_1 = R$，问 Z_2 为何种参数才能使电流表 A_0 的读数最大？此读数应为多少？（3）设 $Z_1 = jX_L$，问 Z_2 为何种参数才能使电流表 A_0 的读数最小？此读数应为多少？

29. 在图 5-58 所示电路中，$I_1 = 10A$，$I_2 = 10\sqrt{2}A$，$U = 200V$，$R = 5\Omega$，$R_2 = X_L$，试求 I，X_C，X_L 及 R_2。

30. 在图 5-59 所示电路中，$I_1 = I_2 = 10A$，$U = 100V$，u 与 i 同相，试求 I、R、X_C 及 X_L。

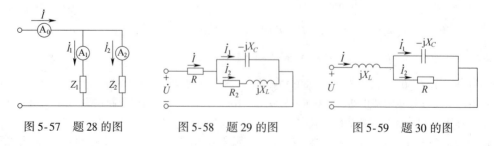

图 5-57　题 28 的图　　　　图 5-58　题 29 的图　　　　图 5-59　题 30 的图

114

31. 计算图 5-60a 所示电路中的电流 $\dot{I}$ 和各阻抗元件上的电压 $\dot{U}_1$ 与 $\dot{U}_2$，并作出相量图；计算图 5-60b 所示电路中各支路电流 $\dot{I}_1$ 和 $\dot{I}_2$ 和电压 $\dot{U}$，并作出相量图。

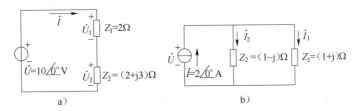

图 5-60　题 31 的图

32. 在图 5-61 所示电路中，已知 $U = 220\mathrm{V}$，$R_1 = 10\Omega$，$X_1 = 10\sqrt{3}\,\Omega$，$R_2 = 20\Omega$，试求各个电流和平均功率。

33. 在图 5-62 中，已知 $u = 220\sqrt{2}\sin 314t\mathrm{V}$，$i_1 = 22\sin(314t - 45°)\mathrm{A}$，$i_2 = 11\sqrt{2}\sin(314t + 90°)\mathrm{A}$，试求各仪表读数及电路参数。

34. 求图 5-63 所示电路的阻抗 Z_{ab}。

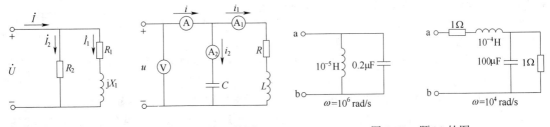

图 5-61　题 32 的图　　　　图 5-62　题 33 的图　　　　图 5-63　题 34 的图

35. 求图 5-64 所示电路中的电流 $\dot{I}$。

36. 计算上题中理想电流源两端的电压。

37. 在图 5-65 所示的电路中，已知 $\dot{U}_C = 1\,\underline{/0°}\,$ V，求 $\dot{U}$。

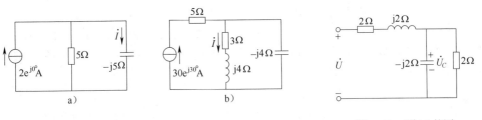

图 5-64　题 35 的图　　　　　　　　　　图 5-65　题 37 的图

38. 在图 5-66 所示的电路中，已知 $U_{ab} = U_{bc}$，$R = 10\Omega$，$X_C = 10\Omega$，$Z_{ab} = R + jX_L$，试求 $\dot{U}$ 和 $\dot{I}$ 同相时 Z_{ab} 等于多少？

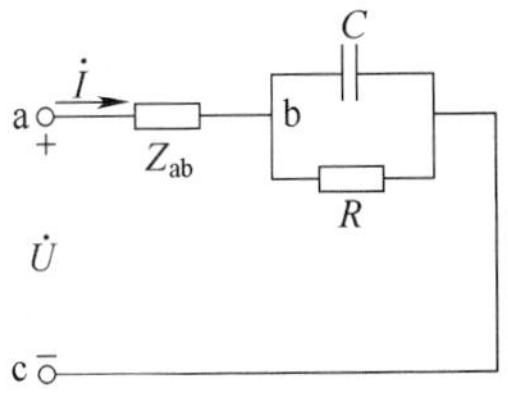

39. 设有 R、L 和 C 元件若干个，每一元件均为 10Ω。每次选两个元件串联或并联，问如何选择元件和选接方式才能得到：（1）20Ω，（2）$10\sqrt{2}\,\Omega$，（3）$10/\sqrt{2}\,\Omega$，（4）5Ω，（5）0Ω，（6）∞ 的阻抗模。

40. 某收音机输入电路的电感约为 $0.3\mathrm{mH}$，可变电容器的调节范围为 $25\sim$

图 5-66　题 38 的图

360pF。试问能否满足收听中波段 535~1605kHz 的要求。

41. 求 $L=5\text{mH}$ 和 $C=12\text{pF}$ 串联电路的谐振频率。

42. 将可变电容与 $L=100\text{mH}$ 的线圈并联连接，加上 500kHz 频率的电压使其产生谐振，问此时的电容量为多少？

43. 有一电阻为 100Ω、电感为 100mH、电容为 100pF 的串联电路，试求谐振频率及电路的 Q 值。

44. 有一 RLC 串联电路，它在电源频率 f 为 500Hz 时发生谐振。谐振时电流 $I=0.2\text{A}$，容抗 $X_C=314\Omega$，并测得电容电压 U_C 为电源电压 U 的 20 倍。试求该电路的电阻 R 和电感 L。

45. 有一 RLC 串联电路，接于频率可调的电源上，电源电压保持在 10V，当频率增加时，电流从 10mA（500Hz）增加到最大值 60mA（1000Hz）。试求：（1）电阻 R、电感 L 和电容 C 的值；（2）在谐振时电容器两端的电压 U_C；（3）谐振时磁场中和电场中所储的最大能量。

46. 在图 5-67 的电路中，$R_1=5\Omega$。调节电容 C 值使电流 I 为最小，此时测得：$I_1=10\text{A}$，$I_2=6\text{A}$，$U_Z=113\text{V}$，电路总功率 $P=1140\text{W}$。求阻抗 Z。

47. 电路如图 5-68 所示，已知 $R=R_1=R_2=10\Omega$，$L=31.8\text{mH}$，$C=318\text{MF}$，$f=50\text{Hz}$，$U=10\text{V}$，试求并联支路端电压 u_{ab} 及电路的 P、Q、S 及 $\cos\varphi$。

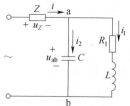

图 5-67　题 46 的图

48. 将某瓦数的荧光灯接入电流表、电压表和功率表进行测量，显示的数据为 0.32A、100V 和 20W，问此电路的功率因数是多少？

49. 将某负载加上 120V 的电压，有 20A 的电流通过，当负载的功率因数为 80% 时，试求电功率、视在功率及无功功率。

50. 额定电压为 200V 的电动机消耗 3kW 的电功率，假如电动机的功率因数为 75%，则通过的电流是多少？

51. 有一电功率为 800W、无功功率为 600var 的负载，试求其视在功率及功率因数。

52. 今有 40W 的荧光灯一个，使用时灯管与镇流器（可近似地把镇流器看做纯电感）串联在电压为 220V、频率为 50Hz 的电源上。假设灯管工作时属于纯电阻负载，灯管两端的电压等于 110V，试求镇流器的感抗与电感。这时电路的功率因数等于多少？若将功率因数提高到 0.8，问应并联多大电容。

53. 用图 5-69 所示电路测得无源线性二端网络 N 的数据如下：$U=220\text{V}$，$I=5\text{A}$，$P=500\text{W}$。又知当与 N 并联一个适当数值的电容 C 后，电流 I 减小，而其他读数不变。试确定该网络的性质（电阻性、电感性或电容性）、等效参数及功率因数。（$f=50\text{Hz}$）

54. 在图 5-70 所示电路中，$U=220\text{V}$，$f=50\text{Hz}$，$R_1=10\Omega$，$X_1=10\sqrt{3}\,\Omega$，$R_2=5\Omega$，$X_2=5\sqrt{3}\,\Omega$。（1）求电流表的读数 I 和电路功率因数 $\cos\varphi_1$；（2）欲使电路的功率因数提高到 0.866，则需要并联多大电容？（3）并联电容后电流表的读数为多少？

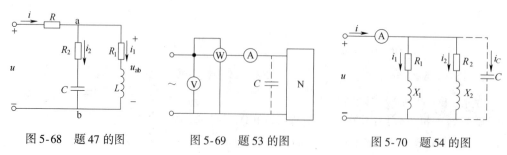

图 5-68　题 47 的图　　　　图 5-69　题 53 的图　　　　图 5-70　题 54 的图

第6章

三相电路

在家庭中使用交流电时，要用两根导线与电源和电器相连接。这种使用交流电的方式称为单相方式。与此相对应，使用频率相同、并有适当相位关系的两个以上交流电动势的电源，与电源及负载用三根以上导线相连的方式称为多相方式。在多相方式中主要是用三相方式。我们日常所接触的交流电路虽然几乎都是单相方式，即单相电路，但不要忘记其背后存在着庞大的三相方式的电力系统，即三相电路。三相电路是电力系统发电与供电的专门电路，工业用交流电动机也多为三相电动机，单相交流电则是三相交流电路的其中一相。1891 年世界上第一台三相交流发电机在德国劳芬发电厂投入运行，并建成了第一条从劳芬到法兰克福的三相交流输电线路。由于三相电路输送电力比单相电路经济，三相发电机比单相发电机运行可靠，效率高，因此目前世界上电力系统几乎无一例外都采用三相电路供电，即三相制供电。从经济方面考虑，三相电路通常都设计并运行在三相对称状态下，因此，这里只考虑三相对称电路，在后面的课程中，可能会遇到不对称的三相电路的分析，三相不对称电路在很大程度上依赖于对三相对称电路的理解。本章介绍三相电路最基本的知识。

6.1　对称三相电源

三相电路最基本的特点是电源为三相电源。常用的对称三相电源是由三个电压有效值相等、频率相同、初相互差 120° 的正弦电源组成，工程上称 A、B、C 三相，也称 L_1、L_2、L_3 三相一般由三相发电机产生。

6.1.1　对称三相电压的产生

图 6-1 所示为最简单的三相交流发电机的示意图。在磁极 N、S 间，放置一圆柱形铁心，圆柱表面上对称安置了三个完全相同的线圈，称为三相绕组。在示意图中每相绕组只画了一匝。绕组 A_X、B_Y、C_Z 分别称为 A 相绕组、B 相绕组和 C 相绕组，铁心和绕组合称为电枢。

每相绕组的端钮 A、B、C 为

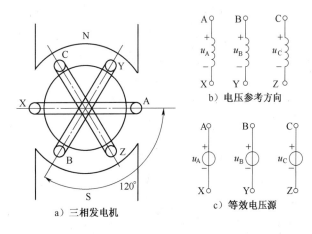

图 6-1　三相发电机示意图

绕组的始端，称为"相头"；X、Y、Z 为绕组的末端，称为"相尾"。三个相头之间（或三个相尾之间）在空间上彼此相隔120°。电枢表面的磁感应强度沿圆周按正弦分布，其方向与圆柱表面垂直。

在发电机绕组内，这里规定电压的参考方向由每相绕组的始端 A、B、C，指向其末端 X、Y、Z，如图6-1b 所示。

当电枢逆时针方向等速旋转时，各绕组内感应出频率相同、振幅相等而相位相差120°的感应电压，这三个感应电压称为对称三相电压（或对称三相电源）。

以第一相绕组 AX 所产生的电压 u_A 经过零值时为计时起点，则第二相绕组 BY 所产生的电压 u_B 滞后于第一相电压 u_A1/3 周期，第三相绕组 CZ 所产生的电压 u_C 滞后于第二相电压 u_B1/3 周期，它们的解析式为

$$u_A = U_m \sin \omega t$$
$$u_B = U_m \sin(\omega t - 120°)$$
$$u_C = U_m \sin(\omega t + 120°)$$

(6-1)

用相量表示为

$$\dot{U}_A = U \underline{/0°}$$
$$\dot{U}_B = U \underline{/-120°}$$
$$\dot{U}_C = U \underline{/120°}$$

(6-2)

通常三相发电机产生的三相电压都是对称三相电源。图6-2 所示为三相电源的波形图和相量图。

由式（6-1）或图6-2a 可知，对称三相电压的瞬时值之和为零，即 $u_A + u_B + u_C = 0$。由式（6-2）或图6-2b 可知，对称三相电压的相量之和也为零，即 $\dot{U}_A + \dot{U}_B + \dot{U}_C = 0$。

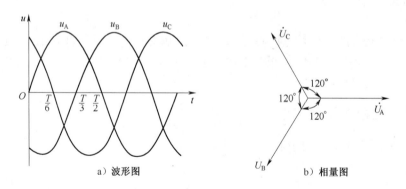

a）波形图　　　　　　　　b）相量图

图6-2　对称三相电源的波形图和相量图

三相电源每相电压依次达到最大值的先后顺序称为相序。在图6-2 中，达到最大值的顺序为 u_A、u_B、u_C，其相序为 A—B—C—A，称为正序；反之，任意颠倒两相，三相电压按 u_A—u_C—u_B—u_A 的顺序达到最大值并循环出现，三相电源的这种 A—C—B—A 的相序，称为负序。工程上通用的相序是正序，常在三相电源的裸铜排上用黄、绿、红三种颜色分别表示 A、B、C 三相。

6.1.2 三相电源的联结

三相发电机的每一相绕组，都是独立的电源（忽略绕组的内阻抗，分别用三个电压源来表示），可分别与负载相连，构成三个独立的单相供电系统，这种供电方式需要六根导线，很不经济，实际不被采用。通常是将三相绕组接成星形（又称Y形）或三角形（又称△形）后，再向负载供电。

1. 三相电源的星形联结

图 6-3 所示为三相电源的星形联结。将三相绕组的末端 X、Y、Z 连接在一起，用 N 表示，称为电源的中性点，从中性点引出的导线称为**中性线**。当中性点接地时，该点称为零点，从零点引出的线称为**零线**。由三相绕组始端 A、B、C 引出的三根线称为**相线**，俗称火线。

当发电机或变压器的绕组接成星形时，有中性线的三相电路称为三相四线制电路，无中性线的三相电路称为三相三线制电路。

对称星形联结的电源，有两组电压，如图 6-3 所示。相线和中性线间的电压称为相压，也即每相绕组的相电压，分别为 u_A、u_B、u_C。通常用 U_P 表示对称的三个相电压的有效值。相线与相线间的电压称为线电压，分别为 u_{AB}、u_{BC}、u_{CA}。线电压双下标的参考方向为习惯规定的参考方向。通常用 U_L 表示对称的三个线电压的有效值。根据规定的参考方向，对称三相电源各相电压和线电压的相量图如图 6-4 所示。

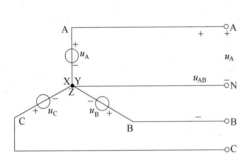

图 6-3 三相电源星形联结

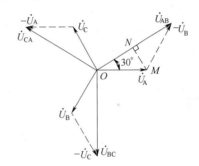

图 6-4 三相电源星形联结时的电压相量图

由 KVL 可知线电压为对应的相电压之差：

$$\dot{U}_{AB} = \dot{U}_A - \dot{U}_B$$

$$\dot{U}_{BC} = \dot{U}_B - \dot{U}_C$$

$$\dot{U}_{CA} = \dot{U}_C - \dot{U}_A$$

由图 6-4 所示相量图可得线电压与相电压有效值关系，即

$$\frac{1}{2}U_{AB} = U_A \cos 30° = \frac{\sqrt{3}}{2}U_A$$

$$U_L = \sqrt{3}U_P \tag{6-3}$$

对称星形联结的电源，线电压是相电压的 $\sqrt{3}$ 倍，即 $U_L = \sqrt{3}U_P$。由相量图可看出，三个线电压之间的相位差仍为 120°，它们比三个相电压各超前 30°。相电压对称，线电压也一定对称，如图 6-4 所示。

电源星形联结并引出中性线时可以提供两套对称三相电压，一套是对称的相电压，另一套是对称的线电压。在我国的低压供电系统中，相电压为220V，线电压为380V。

2. 三相电源的三角形联结

如果把三相电源的首尾相连接成一个回路，然后从三个连接点 A、B、C 依次引出线路，如图 6-5 所示，就成为三角形联结的三相电源，三角形联结也称为△联结。三角形联结的电源，只能引出三根相线，故必为三相三线制。若三相电源对称而且连接正确的情况下，$u_A + u_B + u_C = 0$，在电源开路时，三角形回路中不会产生环流。如果三相电源接错将产生很大的环流，使电源损坏。由图 6-5 可见，三角形联结的电源，线电压与相电压相等，即

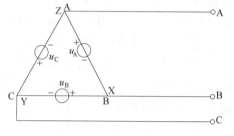

图 6-5 三角形联结电源

$$U_L = U_P$$

由于实际的三相电源不可能做到绝对的对称，所以一般三相发电机都不接成三角形，而变压器常根据需要接成星形或三角形。

6.2 三相电路的供电方式

三相交流电动机这些三相负载，需要三相电源才能运行。广泛使用的照明电器及大量的家用电器，其本身只需单相电源，这些负载的额定电压均为 220V，应接在低压供电系统（380/220V 系统）中的相线与中性线之间。当这些单相负载分别接到不同的相线上就构成一组三相星形负载。在三相负载中，若每相负载的大小和性质都相同，则称为对称三相负载。若负载的大小或性质不一样，则称为不对称三相负载。由对称三相电源和对称三相负载构成对称三相供电电路。

三相电路中的负载也有星形联结和三角形联结两种接法。

6.2.1 Y-Y联结的三相电路

电源与负载都接成星形，由三条线路将其连接，即构成Y-Y联结的三相电路，如图 6-6 所示。由于电源与负载之间经三条输电线相连，故称为三相三线制。如果用一条中性线把电源的中性点 N 与负载的中性点 N′ 相连，就构成三相四线制，即Y$_0$-Y$_0$ 联结的三相电路，如图 6-7 所示。一般高压输电线路都采用三相三线制（如 10kV 供电系统），而低压供电线路采用三相四线制（如 380/220V 供电系统）。

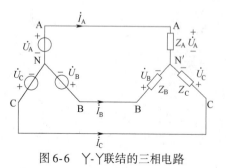

图 6-6 Y-Y联结的三相电路

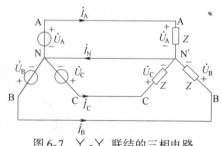

图 6-7 Y$_0$-Y$_0$ 联结的三相电路

三相负载星形联结时，各相负载的电压为相电压，流经各相负载的电流 $i_{AN'}$、$i_{BN'}$、$i_{CN'}$ 称为相电流，通常用 I_P 表示对称的三个相电流的有效值；流过线路的电流 i_A、i_B、i_C 称为线电流，通常用 I_L 表示对称的三个线电流的有效值。显然，星形联结时，线电流等于相电流。电路接有中性线时，由 KCL 可知中性线电流相量为

$$\dot{I}_N = \dot{I}_A + \dot{I}_B + \dot{I}_C \qquad (6-4)$$

若三相电流对称，则中性线电流为零，因此可以将中性线去掉，变为三相三线制，对电路并无影响。

6.2.2 △-△联结的三相电路

电源与负载都连接成三角形，用三条线路将其相连，即构成△-△联结的三相三线制电路，如图 6-8 所示。负载接成三角形时，每相负载的相电压等于线电压；流过负载的电流为相电流，分别用 $\dot{I}_{AB}$、$\dot{I}_{BC}$、$\dot{I}_{CA}$ 表示。在图 6-8 所示电流参考方向下，由 KCL 可知各相的线电流为对应的相电流之差：

$$\dot{I}_A = \dot{I}_{AB} - \dot{I}_{CA}$$
$$\dot{I}_B = \dot{I}_{BC} - \dot{I}_{AB} \qquad (6-5)$$
$$\dot{I}_C = \dot{I}_{CA} - \dot{I}_{BC}$$

由图 6-9 所示相量图的分析可得线电流与相电流有效值关系，即在三相电路对称的情况下，三角形联结时，线电流是相电流的 $\sqrt{3}$ 倍，即 $I_L = \sqrt{3}I_P$。由相量图可看出，三个线电流之间的相位差仍为 120°，它们比三个相电流各滞后 30°。若相电流对称则线电流也一定对称。

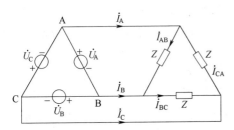

图 6-8 △-△联结的三相三线制电路

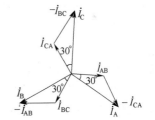

图 6-9 相电流与线电流的相量图

由广义节点的 KCL 可知，三相的线电流之和恒等于零，与三相电路对称与否无关。

三相电源和三相负载还可以组成其他类型的三相电路，如△-Y、Y-△等。

由于三相电路是为供电系统设计的，因此，所有的电压和电流给出的都是有效值。当给定一个电压值时，常常是指线电压。因此，当说一个三相电路的电压为 380V 时，是指线电压的有效值为 380V。在本章，所有的电压和电流都用有效值表示。

6.3 对称三相电路的分析

三相电路是多电源的正弦交流电路，仍然可以用正弦电路的分析方法对其进行分析计算。在对称三相电路中，各相的电压、电流之间都存在固定的关系，只要求得一相，由对称

关系即可得到其他两相的电压、电流。对称三相电路的条件是：三相电源对称和三相负载对称。三相负载对称的条件是每相导线阻抗、负载阻抗都相同 $R_A = R_B = R_C = R$，$X_A = X_B = X_C = X$，中性线上的阻抗没有限制要求，它的值对电路是否对称不会产生影响。本节先分析Y-Y供电电路，其余三种结构的电路（Y-△、△-△、△-Y）都可以等效为Y-Y电路，因此，分析Y-Y电路是对称三相电路分析的重点。

6.3.1 三相负载的星形联结

分析三相电路和分析单相电路一样，首先也应画出电路图，并标出电压和电流的参考方向，而后应用电路的基本定律找出电压和电流之间的关系，再确定三相功率。

图 6-10 所示为白炽灯与电动机负载的星形联结，设其线电压为 380V。负载如何连接，应视其额定电压而定。通常白炽灯（单相负载）的额定电压为 220V，因此要接在相线与中性线之间。白炽灯负载是大量使用的，不能集中接在一相中，从总的线路来说，它们应该比较均匀地分配在各相之中，如图 6-10 所示。白炽灯的这种连接方法称为星形联结。至于其他单相负载（如单相电动机、电炉、继电器吸引线圈等），该接在相线之间还是相线

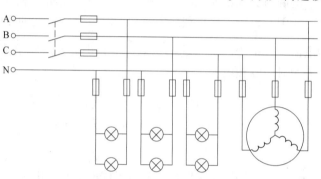

图 6-10 白炽灯与电动机负载的星形联结

与中性线之间，应视额定电压是 380V 还是 220V 而定。如果负载的额定电压不等于电源电压，则需用变压器。例如，机床照明灯的额定电压为 36V，就要用一个 380/36V 的降压变压器。

三相电动机的三个接线端总是与电源的三根相线相连。但电动机本身的三相绕组可以连接成星形或三角形。它的连接方法在铭牌上标示出。例如380V Y联结或380V △联结。

图 6-11a 所示的三相电源和三相负载都是星形联结的三相四线制电路。在电路中有两个中性点，因为三相电路对称，两个中性点之间的电压等于零，即 $U_{N'N} = 0$，所以可以将负载中性点 N′ 与电源中性点 N 用导线短接，相当于没有中性阻抗的三相四线制电路，如图 6-11b 所示，此时，各相的工作保持相对独立，线与相的电压、电流的大小和频率相同且相位互相之间相差 120°，即为对称系统，因此，可按单相电路计算。首先画出一相计算电路图（如 A 相电路），如图 6-12 所示，由一相计算电路图可得 A 相线电流有效值为

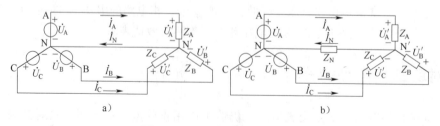

a)   b)

图 6-11 三相负载的星形联结

$$I_A = \frac{U_A}{|Z|}$$

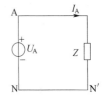

相电流与相电压的相位差为

$$\varphi_A = \operatorname{arctg} \frac{X}{R}$$

由对称关系可得

$$I_B = I_C = I_A$$

图 6-12 一相计算电路图

$$\varphi_B = \varphi_C = \varphi_A$$

在三相四线制电路中，三相对称的情况下，由于中性线电流为零，中性线可以不接，成为三相三线制对称电路，其分析方法同上。

若电源接成三角形时，星形联结的负载接在线电压上，可以先求出相电压，然后再求负载的电流。

【例 6.1】 有一星形联结的三相负载，每相的电阻 $R = 6\Omega$，感抗 $X_L = 8\Omega$，接在对称三相星形联结的电源电压上，设 $u_{AB} = 380\sqrt{2}\sin(\omega t + 30°)$ V，试计算电流（电路参照图 6-11）。

解： 因为负载对称，只需计算一相即可（如 A 相）。

由图 6-4 的相量图可知，$U_A = \frac{U_{AB}}{\sqrt{3}} = \frac{380}{\sqrt{3}}$V $= 220$V，u_A 比 u_{AB} 滞后 30°，即

$$u_A = 220\sqrt{2}\sin\omega t \, \text{V}$$

A 相电流为

$$I_A = \frac{U_A}{|Z_A|} = \frac{220}{\sqrt{6^2 + 8^2}} \text{A} = 22\text{A}$$

i_A 比 u_A 滞后 φ_A 角，即

$$\varphi_A = \operatorname{arctg} \frac{X}{R} = \operatorname{arctg} \frac{8}{6} = 53°$$

所以

$$i_A = 22\sqrt{2}\sin(\omega t - 53°) \, \text{A}$$

因为三相电路的对称性，其他两相的电流则为

$$i_B = 22\sqrt{2}\sin(\omega t - 53° - 120°) \, \text{A} = 22\sqrt{2}\sin(\omega t - 173°) \, \text{A}$$

$$i_C = 22\sqrt{2}\sin(\omega t - 53° + 120°) \, \text{A} = 22\sqrt{2}\sin(\omega t + 67°) \, \text{A}$$

关于负载不对称的三相电路，具体的分析留给读者，下面只做简要的说明：

当负载不对称且有中性线时，各相构成了独立的回路，各相负载可获得对称的电源相电压，从而保证负载在额定电压下工作。此时，负载相电流不再对称，中性线电流不为零。常用照明电路和家用电器的供电，都是属于不对称负载的三相四线制交流电路。

若中性线断开，各相负载上的电压将不对称，有的电压过高，使负载损坏；有的电压过低，而使负载不能正常工作。因此，中性线上不允许安装熔断器或开关，以确保电路的正常工作。

【例 6.2】 三相四线制供电电路，电源线电压为 380V，三相负载均为 220V、40W 的白炽灯。试求：（1）每相均接 30 只白炽灯时的线电流和中性线电流；（2）A 相、B 相灯数不变，C 相关闭 10 只灯后，此时的线电流和中性线电流。

解： （1）每相均接30只白炽灯时为对称三相电阻负载，电路为对称三相四线制电路，线电流（负载相电流）对称，中性线电流为零。此时，负载相电压为

$$U_{\mathrm{P}} = \frac{1}{\sqrt{3}} U_{\mathrm{L}} = \frac{1}{\sqrt{3}} \times 380\mathrm{V} = 220\mathrm{V}$$

每相负载等效电阻为

$$R = \frac{U_{\mathrm{N}}^2}{P_{\mathrm{N}}} = \frac{220^2}{40 \times 30}\Omega = 40.3\Omega$$

线电流为

$$I_{\mathrm{L}} = I_{\mathrm{P}} = \frac{U_{\mathrm{P}}}{R} = \frac{220}{40.3}\mathrm{A} = 5.46\mathrm{A}$$

（2）A相、B相灯数不变，C相关闭10只灯：

$$R_{\mathrm{A}} = R_{\mathrm{B}} = 40.3\Omega$$

$$R_{\mathrm{C}} = \frac{U_{\mathrm{N}}^2}{P_{\mathrm{N}}} = \frac{220^2}{40 \times 20}\Omega = 60.5\Omega$$

取 A 相电压为参考，则 $\dot{U}_{\mathrm{A}} = 220\,\underline{/0°}\,\mathrm{V}$，$\dot{U}_{\mathrm{B}} = 220\,\underline{/-120°}\,\mathrm{V}$，$\dot{U}_{\mathrm{C}} = 220\,\underline{/120°}\,\mathrm{V}$，各线电流为

$$\dot{I}_{\mathrm{A}} = \frac{\dot{U}_{\mathrm{A}}}{R_{\mathrm{A}}} = \frac{220\,\underline{/0°}}{40.3}\mathrm{A} = 5.46\,\underline{/0°}\,\mathrm{A}$$

$$\dot{I}_{\mathrm{B}} = \frac{\dot{U}_{\mathrm{B}}}{R_{\mathrm{B}}} = \frac{220\,\underline{/-120°}}{40.3}\mathrm{A} = 5.46\,\underline{/-120°}\,\mathrm{A}$$

$$\dot{I}_{\mathrm{C}} = \frac{\dot{U}_{\mathrm{C}}}{R_{\mathrm{C}}} = \frac{220\,\underline{/120°}}{60.3}\mathrm{A} = 3.64\,\underline{/120°}\,\mathrm{A}$$

中性线电流为

$$\dot{I}_{\mathrm{N}} = \dot{I}_{\mathrm{A}} + \dot{I}_{\mathrm{B}} + \dot{I}_{\mathrm{C}} = 5.46\,\underline{/0°}\,\mathrm{A} - 5.46\,\underline{/-120°}\,\mathrm{A} + 3.64\,\underline{/120°}\,\mathrm{A} = 1.82\,\underline{/-60.1°}\,\mathrm{A}$$

6.3.2 三相负载的三角形联结

图 6-13 所示为三相负载的三角形联结电路。此时，不论电源如何连接，都可以先计算出负载某一相的线电压，如 U_{AB}，然后计算 A 相的相电流有效值：

$$I_{\mathrm{AB}} = \frac{U_{\mathrm{AB}}}{|Z|}$$

相电流与相电压的相位差为

$$\varphi_{\mathrm{A}} = \mathrm{arctg}\frac{X}{R}$$

由对称关系得到

$$I_{\mathrm{BC}} = I_{\mathrm{CA}} = I_{\mathrm{AB}}$$

$$\varphi_{\mathrm{B}} = \varphi_{\mathrm{C}} = \varphi_{\mathrm{A}}$$

各相线电流有效值为

$$I_{\mathrm{A}} = I_{\mathrm{B}} = I_{\mathrm{C}} = \sqrt{3} I_{\mathrm{AB}}$$

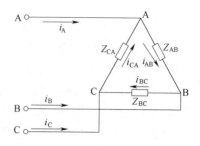

图 6-13 三相负载的三角形联结

线电流的相位滞后相电流30°

【例 6.3】 某三相交流异步电动机绕组额定电压为380V，每相绕组的电阻 $R=12\Omega$，感抗 $X_L=16\Omega$，接在线电压为380V的三相电源上工作。试求：（1）电动机的三相绕组应怎样联结？（2）电动机工作时的线电流为多大？

解：（1）因为负载额定电压为380V，电源线电压为380V，所以电动机的绕组应采用三角形联结。此时

$$U_P = U_L = 380V$$

（2）该电动机为对称三角形负载，其每相阻抗为

$$|Z| = \sqrt{R^2 + X_L^2} = \sqrt{12^2 + 16^2}\,\Omega = 20\Omega$$

由于电动机电路为对称三相交流电路，其线电流和相电流均对称，所以电动机工作时的线电流为

$$I_L = \sqrt{3}I_P = \sqrt{3}\frac{U_P}{|Z|} = \sqrt{3} \times \frac{380}{20}A = 32.9A$$

最后要指出的是，三相负载是采用星形联结，还是三角形联结，取决于三相负载的额定电压和三相电源的线电压。当负载的额定电压等于电源的线电压时，应采用三角形联结；当负载的额定电压是电源线电压的 $\frac{1}{\sqrt{3}}$ 时，则应采用星形联结。

6.4 三相电路的功率及其测量

6.4.1 三相电路的功率

无论三相负载是星形联结还是三角形联结，总的有功功率 P 都等于各相有功功率之和，即

$$P = P_A + P_B + P_C = U_A I_A \cos\varphi_A + U_B I_B \cos\varphi_B + U_C I_C \cos\varphi_C$$

式中，φ_A、φ_B、φ_C 分别是各相负载相电压与相电流的相位差。负载对称时，则有

$$P = 3P_P = 3U_P I_P \cos\varphi \tag{6-6}$$

式中，φ 是相电压与相电流的相位差角，亦即每相负载的阻抗角或功率因数角。

由于在三相电路中，线电压或线电流的测量往往比较方便，故功率公式常用线电压和线电流来表示。对称负载星形联结时，$U_P = U_L/\sqrt{3}$，$I_P = I_L$；对称负载三角形联结时，$U_P = U_L$，$I_P = I_L/\sqrt{3}$。于是

$$P = \sqrt{3}U_L I_L \cos\varphi \tag{6-7}$$

可见，无论对称负载是星形联结还是三角形联结，三相负载的总功率均可由式（6-7）来表达。应注意式中的 φ 角是相电压与相电流的相位差。

同理，三相对称负载的无功功率为

$$Q = \sqrt{3}U_L I_L \sin\varphi \tag{6-8}$$

三相对称负载的视在功率为

$$S = \sqrt{3}U_L I_L = \sqrt{P^2 + Q^2} \tag{6-9}$$

【例6.4】 例6.3中的三相交流异步电动机接在线电压为380V的三相电源上工作。试求：（1）星形联结时电动机的功率；（2）三角形联结时电动机的功率。

解：（1）星形联结时电动机的线电流为

$$I_L = I_P = \frac{U_L}{\sqrt{3}\,|Z|} = \frac{380}{\sqrt{3}\times 20}A = 11.0A$$

星形联结时电动机的功率为

$$P = \sqrt{3}U_L I_L \cos\varphi = \sqrt{3}\times 380\times 11\times\frac{12}{20}W = 4.34kW$$

（2）三角形联结时电动机的功率为

$$P = \sqrt{3}U_L I_L \cos\varphi = \sqrt{3}\times 380\times 32.9\times\frac{12}{20}W = 13.0kW$$

计算表明，在电源电压不变时，同一负载由星形联结改为三角形联结时，功率增加到原来的3倍。换句话说，要使负载正常工作，其接法必须正确。若正常工作是星形联结的负载，误接成三角形时，将因功率过大而烧毁；若正常工作是三角形联结的负载，误接成星形时，则因功率过小而不能正常工作。

6.4.2 三相功率的测量

在三相三线制的电路中，不管负载是Y联结还是△联结，不管是对称负载还是不对称负载，都可以用两个线电流和两个线电压来计算功率（也就是可以用两个功率表来测量三相功率）。

1）负载为星形联结时，用三个功率表测量三相总功率的电路图如图6-14a所示。

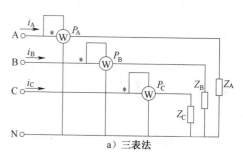

a) 三表法

用两个功率表也可以测量Y联结时三相功率，下面分析具体的测量原理。总的有功功率瞬时值应等于各相功率瞬时值之和：

$$p = p_A + p_B + p_C = u_{AN}i_A + u_{BN}i_B + u_{CN}i_C$$

$$\tag{6-10}$$

因为 $\qquad u_{AC} = u_{AN} + u_{NC}$

所以 $\quad u_{AN} = u_{AC} - u_{NC} = u_{AC} + u_{CN}$

因为 $\qquad u_{BC} = u_{BN} + u_{NC}$

所以 $\quad u_{BN} = u_{BC} - u_{NC} = u_{BC} + u_{CN}$

代入式（6-10）可得

$$p = (u_{AC} + u_{CN})i_A + (u_{BC} + u_{CN})i_B + u_{CN}i_C$$

$$= u_{AC}i_A + u_{BC}i_B + u_{CN}(i_A + i_B + i_C) \tag{6-11}$$

当星形联结的负载没有中性线时或有中性线但三相负载对称时，电流瞬时值满足下列关系：

$$i_A + i_B + i_C = 0$$

$$p = u_{AC}i_A + u_{BC}i_B = p_1 + p_2$$

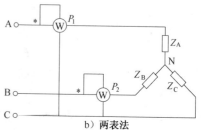

b) 两表法

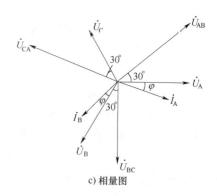

c) 相量图

图6-14 星形联结时三相功率测量

因而可用两个功率表测量这种情况下三相的功率，也能从公式中看出为什么不能用两个功率表法测量星形联结三相负载不对称又有中性线时的三相功率（因为 $i_A + i_B + i_C \neq 0$）。

功率表显示的是功率平均值。

第 1 个功率表中的平均功率读数 P_1 应为

$$P_1 = \frac{1}{T}\int_0^T u_{AC}i_A \mathrm{d}t = U_{AC}I_A\cos\varphi_1$$

式中，φ_1 为 $\dot{U}_{AC}$ 与 $\dot{I}_A$ 之间的相位差角。

第 2 个功率表中的平均功率读数 P_2 应为

$$P_2 = \frac{1}{T}\int_0^T u_{BC}i_B \mathrm{d}t = U_{BC}I_B\cos\varphi_2$$

式中，φ_2 为 $\dot{U}_{BC}$ 与 $\dot{I}_B$ 之间的相位差角。

两个功率表的读数之和即为三相功率：

$$P = P_1 + P_2 = U_{AC}I_A\cos\varphi_1 + U_{BC}I_B\cos\varphi_2$$

由上面的推导可知，星形联结三相三线制的三相功率可用两个功率表来测量，由任一相线为基准均可，测另两相线的线电压与线电流的平均功率，如图 6-14b 所示。

当负载为三相对称时，相量图如图 6-14c 所示。

$$\varphi_1 = 30° - \varphi; \qquad \varphi_2 = 30° + \varphi$$

φ 为相电压与相电流之间的相位差角。

两表法测量的结果

$$P = P_1 + P_2 = U_L I_L\cos(30° - \varphi) + U_L I_L\cos(30° + \varphi) = \sqrt{3}U_L I_L\cos\varphi$$

与三表法测量的结果是一致的。

2）**负载为三角形联结时**，用三个功率表测量三相总功率的电路图如图 6-15a 所示。

与星形联结时的推导类似，也可以用两个功率表测量三角形联结的三相功率，如图 6-15b 所示，负载可以是对称的也可以是不对称的。

负载三角形联结时，同样可得

$$P = P_1 + P_2 = U_{AB}I_A\cos\varphi_1 + U_{BC}I_C\cos\varphi_2$$

式中，φ_1 为 $\dot{U}_{AB}$ 与 $\dot{I}_A$ 之间的相位差角；φ_2 为 $\dot{U}_{BC}$ 与 $\dot{I}_C$ 之间的相位差角。

当负载为三相对称时，也可以通过相量图推导出

$$P = P_1 + P_2 = \sqrt{3}U_L I_L\cos\varphi$$

注意：φ 为相电压与相电流之间的相位差。

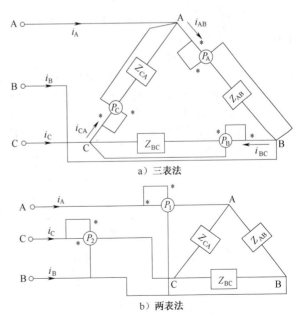

a）三表法

b）两表法

图 6-15 △联结三相电路的三相功率测量

127

本 章 小 结

1. 三相电源的三相电压是对称的，即大小相等，频率相同，相位互差120°。在三相四线制供电系统中，$U_L = \sqrt{3}U_p$，且线电压超前对应相电压30°。

2. 三相负载是采用星形联结，还是三角形联结，由电源电压的数值和负载的额定电压来决定。星形联结时，线电流等于相电流，线电压为相电压的$\sqrt{3}$倍、相位超前30°；三角形联结时，线电压与相电压相等，线电流为相电流的$\sqrt{3}$倍、相位滞后30°。

单相负载的额定电压大多等于电源相电压，应接于相线与中性线之间。三相电路接入单相负载后一般是不对称的，此时必须有中性线。中性线的作用是使负载得到电源的相电压，并当负载不对称时保持其相电压仍然对称。

3. 三相对称电路的功率为

$$P = \sqrt{3}U_L I_L \cos\varphi$$

$$Q = \sqrt{3}U_L I_L \sin\varphi$$

$$S = \sqrt{3}U_L I_L = \sqrt{P^2 + Q^2}$$

式中，φ 是相电压与相电流的相位差，亦即每相负载的阻抗角或功率因数角。

4. 在三相三线制电路中，不论负载为星形联结或三角形联结，也不论负载对称与否，都可以采用两个功率表的方法来测量三相功率。

练 习 题

1. 某对称三相电源作Y形联结时，$\dot{U}_{CA} = 380\ \underline{/60°}$ V，试写出其余各相电压与线电压的相量式。

2. 图6-16所示电路为白炽灯照明电路，电源线电压为380V，每相负载电阻分别为 $R_A = 5\Omega$，$R_B = 10\Omega$，$R_C = 20\Omega$。试求：

（1）各相电流及中性线电流；

（2）A相断路时，各相负载所承受的电压和通过的电流；

（3）A相和中性线均断开时，各相负载的电压和电流；

（4）A相负载短路、中性线断开时，各相负载的电压和电流。

3. 图6-17所示电路中的电流表在正常工作时的读数是26A，电压表读数是380V。试求在下列各种情况下，各相负载电流：

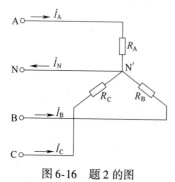

图6-16 题2的图

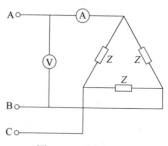

图6-17 题3的图

（1）正常工作；（2）A、B 相负载断路；（3）相线 A 断路。

4. 三相电阻炉的每相电阻 $R = 10\Omega$。试求：

（1）三相电阻作星形联结，接在线电压为 380V 的电源上，电炉从电网吸收多少功率？

（2）三相电阻作三角形联结，接在线电压为 380V 的电源上，电炉从电网吸收的功率又是多少？

5. 某大楼为荧光灯和白炽灯混合照明，需装 40W 荧光灯 210 盏（$\cos\varphi_1 = 0.5$），60W 白炽灯 90 盏（$\cos\varphi_2 = 1$），它们的额定电压都是 220V，由 380V/220V 的电网供电。试分配其负载并指出应如何接入电网。这种情况下，线路电流为多少？

6. 某三相异步电动机功率为 4kW，功率因数为 0.85，效率 $\eta = 0.85$，采用三角形联结，电源线电压为 380V。试求：

（1）电动机的线电流和相电流；

（2）电动机每相绕组的等效电阻和等效感抗。

提示：电动机的功率是指轴上的输出功率，输出功率与输入功率之比为效率。

129

第 7 章

变压器

变压器是一种常见的电气设备，广泛应用于各种类型的实际线路中，例如电力传输、电力分配以及电子通信系统中的信号耦合。

变压器的种类很多，有自耦变压器、互感器和各种专用变压器。变压器的工作原理都是建立在互感的基础上，当两个（或者多个）线圈相互靠近时将发生磁场相互感应的现象，即互感的电磁耦合。由于两个磁性耦合线圈之间没有电路的接触，从一个线圈到另一个线圈的能量传输完全可以通过电隔离的状态来实现。

7.1 线圈的互感

当两个线圈相互靠近放置时，如图 7-1 所示，当第一个线圈（称为一次绕组）通以交流电，产生交变的磁通，此变化的磁力线将切割第二个线圈（称为二次绕组），从而使两个线圈产生磁耦合，并产生感应电压，感应电压的大小取决于互感 M。若二次绕组是闭合的，则电路中将会产生变化频率和一次绕组中电流一致的感应电流。

影响互感的三个因素是每个线圈的电感（L_1、L_2）以及两个线圈间的耦合系数（k），如图 7-2 所示，则互感的公式为

$$M = k \sqrt{L_1 L_2} \tag{7-1}$$

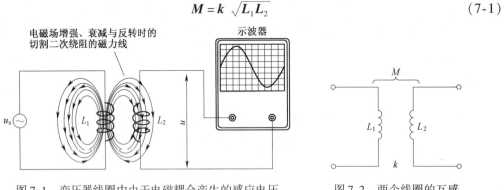

图 7-1　变压器线圈中由于电磁耦合产生的感应电压　　图 7-2　两个线圈的互感

其中，耦合系数 k 为一次绕组与二次绕组相互耦合的磁通与一次绕组所产生的总磁通的比值。它取决于线圈间靠近的程度，以及线圈中磁心材料的类型、结构和形状等。

7.2 基本变压器

变压器是一种电子设备，它由两个相互靠近放置的线圈构成，这使得线圈间具有互感

作用。

7.2.1 变压器的结构

变压器的一般结构如图 7-3 所示，它分为心式和壳式两种结构。变压器的绕组绕制在铁心上，图 7-4 所示为变压器的示意图及连接方式。

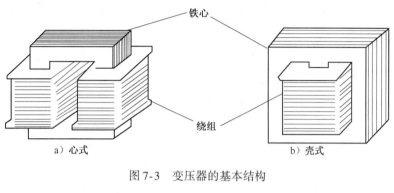

图 7-3 变压器的基本结构

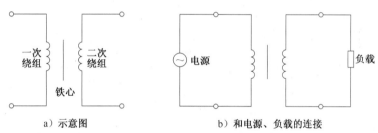

图 7-4 变压器的示意图及连接方式

铁心提供了绕组绕制的物理结构以及磁路，从而使得磁通相对集中在线圈的周围。常见的铁心材料有下列三种：空气、铁氧体和铁。

采用空气磁心和铁氧体磁心的变压器常常用在高频电路中，两个绕组间的磁耦合由磁心材料的类型以及绕组间的相对位置所确定。如果一次绕组中的电流一定，那么两个线圈耦合得越紧密，二次绕组中的感应电压就越大。

采用铁心材料的变压器常常应用在声频（AF）和供电系统中。为了减少涡流损耗，这些铁心是制成叠片式的，每层叠片间相互绝缘，如图 7-3 所示。根据铁心结构以及绕组的绕制方式不同，铁心变压器又可以分为心型结构和壳型结构两种。心型结构有更大的绝缘空间，可以耐受更高的电压；壳型结构具有更高的耦合磁通，因此绕组需要较少的匝数。

7.2.2 变压器绕组的极性

变压器的一次绕组和二次绕组都是绕制在磁心上的，绕组绕制的方向就决定了二次绕组相对于一次绕组端电压的方向，这是变压器一个重要的参数。

如图 7-5 所示，当绕组以相同的有效方向绕制在磁心上时，二次绕组中感应的电压与一次绕组中的电压同相；当绕组以相反方向绕制时，二次绕组中感应的电压与一次绕组电压反相。将绕组中相位相同的一端标以符号"·"，称为**同名端**。只要线圈的绕向已知，同名端就不难确定。

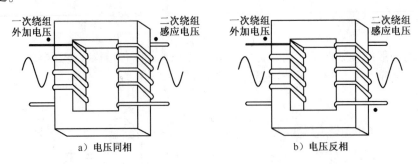

a) 电压同相　　　　　　　　　　b) 电压反相

图 7-5　绕组的方向与电压的极性

图 7-6 所示为变压器同名端的示意图。

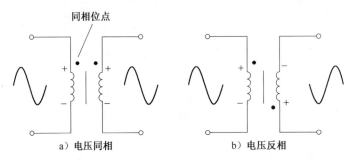

a) 电压同相　　　　　　　　　　b) 电压反相

图 7-6　变压器同名端的示意图

在使用变压器或者其他有磁耦合的互感线圈时，要注意线圈的正确连接。如图 7-7 所示，变压器的一次侧有两组绕制方向相同的绕组 1-2 和 3-4，如果将它们的同名端连在一起，再接到给定的输入电压上，则两绕组并联；如果将 2、3 端连在一起，1、4 端加给定电压，则两绕组串联。绕组的连接方式根据给定电压以及绕组中允许通过的电流来确定。

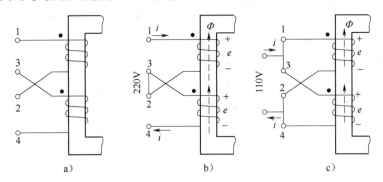

a)　　　　　　　　　　b)　　　　　　　　　　c)

图 7-7　变压器一次绕组的正确连接

7.3　变压器的工作原理

当变压器一次绕组接上交流电压时，绕组内就有电流通过，根据磁耦合原理，在二次绕组上将会感应出相同频率的交变电压。根据一次绕组（原边）和二次绕组（副边）电压的变化，变压器可以分为升压变压器和降压变压器。如果二次绕组感应的电压比一次绕组给定的电压大，则称为**升压变压器**；反之，则称为**降压变压器**。升压（或降压）的大小取决于两绕组的匝数比。

7.3.1 电压变换

对于任意的变压器，不考虑损耗，即在理想情况下，二次电压（U_2）与一次电压（U_1）的比值等于二次绕组匝数与一次绕组匝数的比值。即：

$$\frac{U_1}{U_2} = \frac{N_1}{N_2} = k \tag{7-2}$$

$k < 1$ 的变压器为升压变压器；$k > 1$ 的变压器为降压变压器。

【例 7.1】 电源变压器的一次绕组匝数为 550 匝，接在 220V 交流电压上，（1）如果二次绕组匝数为 200 匝，试求二次绕组的电压；是升压还是降压变压器（2）如果二次绕组匝数为 1000 匝，则二次电压又为多少？是升压还是降压变压器

解： 根据变压公式，可得

（1）
$$U_2 = \frac{N_2}{N_1} U_1 = \frac{200}{550} \times 220\text{V} = 80\text{V}$$

此变压器为降压变压器。

（2）
$$U_2 = \frac{N_2}{N_1} U_1 = \frac{1000}{550} \times 220\text{V} = 400\text{V}$$

此变压器为升压变压器。

【例 7.2】 假设变压器一次电压为 120V 的交流电，而测得二次电压为 12V，请问变压器的匝比是多少？该变压器为升压还是降压？

解： 由公式可得

$$k = \frac{N_1}{N_2} = \frac{U_1}{U_2} = \frac{120}{12} = 10 > 1$$

此为降压变压器。

7.3.2 电流变换

当变压器的二次侧接上负载后（有载工作状态），则二次绕组中将有交变的电流通过，变化的频率与一次电流频率相同。同时，传递给负载的功率不能大于传递给一次绕组的功率，在理想情况下，二次绕组发出的功率等于一次绕组发出的功率。

由于变压器的输出功率与二次绕组所接的负载有关，负载可以是电阻性的，也可以是电感性和电容性负载，因此，变压器的功率一般用视在功率 S 来表示，单位为伏安，即电压有效值 U 与电流有效值 I 的乘积。

一次绕组发出的功率： $S_1 = U_1 I_1$
二次绕组发出的功率： $S_2 = U_2 I_2$
在理想情况下，$S_1 = S_2$，即：

$$U_1 I_1 = U_2 I_2$$

$$\frac{I_1}{I_2} = \frac{U_2}{U_1} = \frac{N_2}{N_1} = \frac{1}{k} \tag{7-3}$$

即变压器一次、二次电流之比与绕组的匝数成反比。

对于升压变压器，二次绕组匝数大于一次绕组匝数，所以，二次电流小于一次电流；同样，对于降压变压器，二次电流大于一次电流。

【例7.3】 现有两个变压器 A 和 B，其中 A 的匝数比为 1:10，B 的匝数比为 2:1，如果二次侧连接负载后，测得两个变压器的一次电流均为 100mA，那么负载上的电流各为多少？

解：对于变压器 A，其一次、二次绕组的匝数比 $k = 1/10$，则二次侧负载电流为

$$I_L = I_2 = kI_1 = 1/10 \times 100\text{mA} = 10\text{mA}$$

对于变压器 B，其匝数比 $k = 2$，则负载电流为

$$I_L = I_2 = kI_1 = 2 \times 100\text{mA} = 200\text{mA}$$

7.3.3 负载变换

根据前面电压变换和电流变换的分析可知：对于一个给定的理想变压器，若一次、二次绕组的匝数是一定的，则二次侧感应出的电压与一次侧给定的电压有关；当二次侧接上负载后，此负载反映到一次侧是由匝数比决定的，并且决定了一次电流的大小。

图 7-8 所示为变压器二次侧的实际负载 $|Z_L|$ "折算" 到一次侧时的情况。阻抗模 $|Z_1|$ 称为**折算阻抗**。

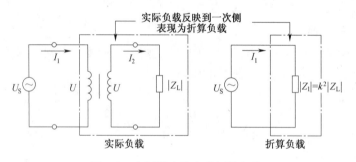

图 7-8　变压器电路中的折算负载

由欧姆定律可得，一次侧的阻抗大小 $|Z_1| = \dfrac{U_1}{I_1}$，二次电流为 $I_2 = \dfrac{U_2}{|Z_L|}$

再根据电压变换和电流变换公式，可得

$$|Z_1| = \frac{U_1}{I_1} = \frac{kU_2}{I_2/k} = k^2 \frac{U_2}{I_2} = k^2 |Z_L| \tag{7-4}$$

也就是说，**二次侧阻抗折算到一次侧后的阻抗等于二次侧负载阻抗乘以匝数比的平方**。

在升压变压器中，$k < 1$，折算负载比实际负载小；在降压变压器中，$k > 1$，折算负载比实际负载大。

【例7.4】 有一个匝数比为 0.5 的理想变压器，将 100Ω 的负载电阻耦合到电源端，试问：电源端的折算电阻是多少？

解：根据负载变换公式，可知负载电阻折算到电源端以后的电阻值为

$$R_1 = k^2 R_L = 0.5^2 \times 100\Omega = 25\Omega$$

这表示从电源端看，就像将 25Ω 的电阻直接连接在电源端一样。

7.3.4 阻抗匹配

所有的实际电源都具有一定的内阻。当电源直接与负载连接时，通常是将电源的能量尽可能多地传递给负载，但是，电源的内阻消耗了一定大小的电源能量，剩余的能量才传递给负载。

最大功率传输定理：当电源直接连接负载，且负载电阻等于电源的固定内阻时，传递给负载的功率为最大功率。

在绝大部分情况下，各种电源的内阻是固定的，负载设备的阻抗也是固定的，不能变化，要将所连接的负载和给定的电源阻抗一致，是很难实现的，即使刚好一致也是巧合。在这种情况下，可以利用特定类型的变压器，使实际负载折算后的阻抗值恰好与电源的阻抗相同，这种技术称为**阻抗匹配**。

例如在日常生活中，电视接收机的输入电阻为 300Ω，为了接收电视信号，必须将天线通过引入电缆接至接收机的输入端，如图 7-9 所示，天线和引入电缆作为电源，接收机作为负载。天线系统通常具有 75Ω 的电阻，如果直接连接，则无法实现电视信号最大功率的传输，接收到的信号将很微弱，因此，**解决的办法是使用变压器**，如图 7-10 所示，将 300Ω 的负载电阻折算成与 75Ω 的电源电阻相匹配。

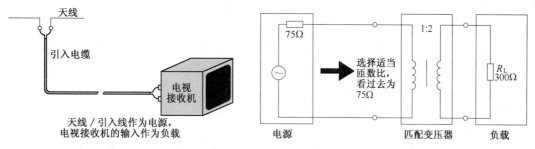

图 7-9　电视信号接收系统　　　　图 7-10　通过变压器耦合实现负载和电源阻抗匹配

300Ω 折算后的电阻 R_1 应该等于电源的电阻 75Ω，即

$$R_1 = k^2 R_L = 300k^2\Omega = 75\Omega$$

$$k = \sqrt{\frac{75}{300}} = 0.5$$

在此系统中，必须接入匝数比为 0.5 的变压器，才能实现信号的最大功率传输。

【例 7.5】　有一理想变压器，一次侧接入电动势 $E = 120V$、内阻 $R_0 = 800\Omega$ 的交流信号源，二次侧接入电阻为 8Ω 的负载，（1）要实现信号的最大功率传输，试求变压器的匝数比和信号源输出的功率；（2）如果将信号源直接与负载连接时，信号源输出多大功率？

解：（1）为了实现最大功率传输，则负载折算后的电阻等于电源内阻，即

$$R_1 = k^2 R_L = 8k^2\Omega = R_0 = 800\Omega$$

解得

$$k = \sqrt{\frac{800}{8}} = 10$$

变压器的一次电流为

135

$$I_1 = \frac{E}{R_0 + R_1} = \frac{120\text{V}}{800\Omega + 800\Omega} = \frac{3}{40}\text{A}$$

信号源的输出功率为

$$P = I_1^2 R_1 = \left(\frac{3}{40}\right)^2 \times 800\text{W} = 4.5\text{W}$$

（2）当将信号源与负载直接相连时，信号源发出的电流为

$$I_1 = \frac{E}{R_0 + R_L} = \frac{120\text{V}}{800\Omega + 8\Omega} = 0.15\text{A}$$

信号源的输出功率为

$$P = I_1^2 R_1 = 0.15^2 \times 8\text{W} = 0.178\text{W}$$

7.4　变压器的额定值

功率变压器通常以额定容量（V·A）、一次侧额定电压 U_{1N}、二次侧额定电压 U_{2N} 以及工作频率 f 来标明变压器的额定值。二次侧额定电压 U_{2N} 是指变压器一次侧加上额定电压时二次侧所产生的空载电压。额定容量表示变压器的额定视在功率，它是二次侧的额定电压与额定电流的乘积，单相：

$$S_N = U_{2N}I_{2N} \approx U_{1N}I_{1N}$$

变压器一次、二次额定电流是指按规定的工作方式（长时连续工作、短时工作或者间歇工作）运行时绕组允许通过的最大电流，它们是根据绝缘材料允许的温度决定的。

【例 7.6】　已知某种类型的变压器，其额定容量为 10kV·A，若二次电压为 250V，试问：变压器能够工作的负载电流是多少？

解：根据变压器额定容量的定义：$S_N = U_{2N}I_{2N}$，可得

$$I_{2N} = \frac{S_N}{U_{2N}} = \frac{10 \times 1000}{250}\text{A} = 40\text{A}$$

变压器能工作的最大负载电流为 40A。

7.5　变压器的损耗与效率

前面介绍的都是理想情况下变压器的工作过程，忽略了绕线电阻、绕线电容以及铁心损耗等，并且将变压器的效率当做 100% 来考虑。然而，实际的变压器是具有绕组铜耗和铁心损耗的，因此，实际变压器的效率小于 100%。

在实际的变压器中有漏磁存在，一次绕组产生的磁通不是 100% 地传递到二次绕组，一些磁力线离开了铁心的束缚，经由周围的空气返回到绕组的另一端。漏磁现象导致了二次电压的减小。

实际电压中的绕线电阻在二次侧的负载端产生较小的电压，由于绕线电阻效果上相当于从一次电压和二次电压中分去了一部分电压，产生电压降。绝大部分情况下，这种影响相对较小，可以忽略不计。

实际变压器的铁心材料中总有一些能量转换。当一次绕组加以交变电压时，产生了变化

的磁通，变化的磁通在铁心材料中产生感应电压和感应电流，从而产生了涡流效应，引起铁心发热，产生了热能。所以，铁心材料采用相互绝缘的叠片构成，使得涡流限制在一个较小的平面内，减小了铁心损耗。

正是由于这些能量的损失，使得实际变压器二次侧的输出功率总是小于一次侧的输入功率，这里将输入功率传递到二次侧输出端的百分比称为**变压器的效率**，用 η 表示：

$$\eta = \frac{P_2}{P_1} \times 100\% \tag{7-5}$$

绝大部分变压器的效率超过 95%。在一般的电力变压器中，当负载为额定负载的 $50\% \sim 75\%$ 时，变压器效率达到最大值。

【例 7.7】 某类型变压器的一次电流为 5A，一次电压为 4800V，二次电流为 90A，二次电压为 240V，试确定此变压器的效率。

解：变压器一次侧的输入功率为

$$S_1 = U_1 I_1 = 4800\text{V} \times 5\text{A} = 24\text{kV} \cdot \text{A}$$

二次侧的输出功率为

$$S_2 = U_2 I_2 = 240\text{V} \times 90\text{A} = 21.6\text{kV} \cdot \text{A}$$

效率为

$$\eta = \frac{S_2}{S_1} \times 100\% = \frac{21.6}{24} \times 100\% = 90\%$$

7.6　其他类型的变压器

基本变压器常常具有几种重要的变形，包括抽头变压器、多绕组变压器、自耦变压器、电流互感器以及电压互感器。

7.6.1　抽头变压器

有些变压器的一次绕组或者二次绕组具有中间抽头。中间抽头等效于两个绕组，并且每个绕组上的电压为总电压的一部分，如图 7-11 所示。

7.6.2　多绕组变压器

一些变压器设计为可以在多个交流电压下工作，因此，这些变压器通常有多个一次绕组或者二次绕组，如图 7-12 所示。多个二次绕组可以绕制在共同的铁心上，实现多种电压输出，这种类型的变压器常常使用在供电系统中。

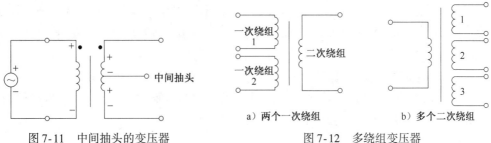

图 7-11　中间抽头的变压器　　　　　图 7-12　多绕组变压器

【例 7.8】 如图 7-13 所示的变压器，每个二次绕组相对于一次绕组的匝数比为 $k_{AB} = 20$、$k_{CD} = 0.5$，$k_{EF} = 10$，T 为绕组 CD 的中心位置抽头。如果一次绕组接于 220V 交流电上，试分别确定每个二次绕组的电压。

解： 根据变压器电压变换原理：

$$U_{AB} = \frac{1}{k_{AB}} U_1 = \frac{220}{20} \mathbf{V} = 11 \mathbf{V}$$

$$U_{CD} = \frac{1}{k_{CD}} U_1 = \frac{220}{0.5} \mathbf{V} = 440 \mathbf{V}$$

$$U_{CT} = U_{TD} = \frac{U_{CD}}{2} = \frac{440}{2} \mathbf{V} = 220 \mathbf{V}$$

$$U_{EF} = \frac{1}{k_{EF}} U_1 = \frac{220}{10} \mathbf{V} = 22 \mathbf{V}$$

要变换三相电压可采用三相变压器，如图 7-14 所示。图中，各相高压绕组用大写字母表示，低压绕组用小写字母表示。

7.6.3 自耦变压器

自耦变压器只有一个绕组，既作为一次绕组也作为二次绕组，绕组从适当的点引出抽头，产生所需的电压。

自耦变压器与常规变压器的区别在于一次电路与二次电路之间没有实现电的隔离。与同等容量的常规变压器相比，自耦变压器通常较小也较轻。一些自耦变压器提供机械式滑动触点的可调抽头，以实现输出电压的连续变化，如图 7-15 所示。

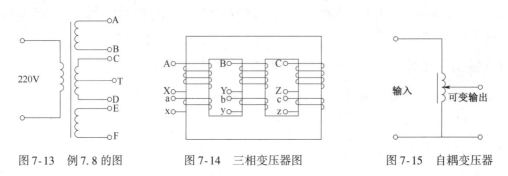

图 7-13　例 7.8 的图　　　图 7-14　三相变压器图　　　图 7-15　自耦变压器

7.6.4 电流互感器

在电力系统中，当测量较大的交流电流时，通常电流表的量程不够大，这时就需要使用电流互感器。它是根据变压器的电流变换原理制成的，主要用来扩大测量交流电流的量程。此外，电流互感器使测量仪表与高压电路隔开，能保证人身与设备的安全。

电流互感器的原理接线图如图 7-16 所示，根据电流变换原理，与大电流连接的一次绕组匝数很少，通常只有几匝，而与电流表相连接的二次绕组匝数很多，它将一次绕组的大电流变换成二次绕组的小电流，通常电流额定值规定为 5A 或者 1A。

在使用电流互感器时，一定要注意：**二次绕组电路是不允许断开的！**这一点与普通变压器不同。

测流钳是一种目前测电流的常用工具，它是电流互感器的一种变形，如图 7-17 所示。利用测流钳可以随时随地测量线路中的电流，而不需要在测量时断开电路（见第 5 章）。

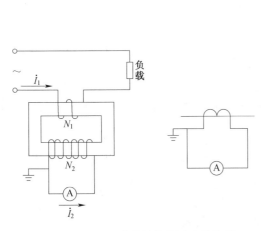

图 7-16　电流互感器的接线图及其符号

图 7-17　测流钳

7.6.5　电压互感器

与电流互感器类似，在电力系统中，当测量高电压时，通常交流电压表的量程不够大，这时就需要使用电压互感器。它是根据变压器的电压变换原理制成的，主要用来扩大测量交流电压表的量程。此外，电压互感器使测量仪表与高压电路隔开，能保证人身与设备的安全。

电压互感器的原理接线图如图 7-18 所示，根据电压变换原理，与高电压并联的一次绕组匝数很多，而与电压表相连接的二次绕组匝数很少，通常只有几匝，它将一次绕组的大电压变换成交流电压表能够测量的小电压。

在使用电压互感器时，一定要注意：**二次绕组电路是不允许短路的！**

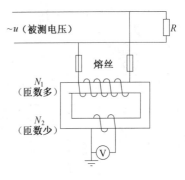

图 7-18　电压互感器的接线图

本 章 小 结

1. 线圈的互感

$$M = k\sqrt{L_1 L_2}$$

2. 电压变换

在理想情况下，二次电压（U_2）与一次电压（U_1）的比值等于二次绕组匝数与一次绕组匝数的比值。即：

$$\frac{U_1}{U_2} = \frac{N_1}{N_2} = k$$

3. 电流变换

在理想情况下，变压器一次、二次电流之比与绕组的匝数成反比。

$$\frac{I_1}{I_2} = \frac{U_2}{U_1} = \frac{N_2}{N_1} = \frac{1}{k}$$

4. 负载变换

二次阻抗折算到一次侧后的阻抗等于原负载阻抗乘以匝数比的平方：

$$|Z_1| = k^2 |Z_L|$$

5. 最大功率传输定理

当电源直接连接负载，负载电阻等于电源的固定内阻时，传递给负载的功率为最大功率。

阻抗匹配：利用变压器，使实际负载折算后的阻抗值恰好与电源的阻抗相同。

6. 变压器的效率

将输入功率传递到二次侧输出端的百分比称为变压器的效率 η：

$$\eta = \frac{P_2}{P_1} \times 100\%$$

练 习 题

1. 有三个线圈，如图 7-19 所示，试用记号标出线圈 1、2 和 3 的同极性端。

2. 有一单相照明变压器，容量为 $10kV \cdot A$，电压为 3300/220V，现有 60W、220V 的白炽灯若干个，试问：如果要变压器在额定情况下运行，这种白炽灯可以接多少个？并求出一次侧、二次侧的额定电流。

3. 在图 7-20 所示电路中，将 $R_L = 8\Omega$ 的扬声器接在变压器的二次侧，已知 $N_1 = 300$ 匝，$N_2 = 100$ 匝，一次侧信号源的电动势 $E = 6V$，内阻 $R_0 = 100\Omega$，试求信号源输出的功率。

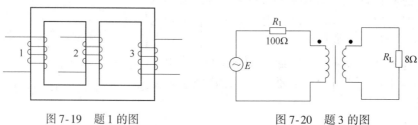

图 7-19 题 1 的图　　　　图 7-20 题 3 的图

4. 在图 7-21 中，输出变压器的二次绕组有中间抽头，分别接 8Ω 和 3.5Ω 的扬声器，两者都能达到阻抗匹配，试求二次绕组两部分匝数之比 N_2/N_3。

5. 图 7-22 所示的变压器有两个相同的一次绕组，每个绕组的额定电压为 110V，二次绕组的电压为 6.3V，试问：

(1) 当电源电压在 220V 和 110V 两种情况下，一次绕组该如何正确连接？假设负载一定，每个一次绕组中的电流有无改变？二次电压和电流有无改变？

(2) 如果将图中的 2 端和 4 端连在一起，而将 1 端和 3 端连接到 220V 的交流电源上，试分析这时会发生什么情况？

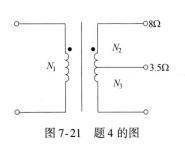

图 7-21 题 4 的图

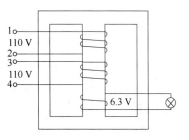

图 7-22 题 5 的图

6. 有一电源变压器如图 7-23 所示，一次绕组有 550 匝，接在 220V 交流电源上，二次绕组有两个：一个电压 36V，负载 36W；一个电压 12V，负载 24W。两个绕组都与纯电阻负载连接，试求一次电流和两个二次绕组的匝数。

7. 有一匝数比 $k = 50$ 的变压器，二次侧接入 8Ω 的电阻，如果测得电源电压 $U = 115V$，则一次电流的有效值是多少？

8. 在扬声器电路中，变压器一次侧信号源的电压为 25V，内阻为 16Ω，试问变压器二次侧连接的扬声器能获得的最大功率是多少？

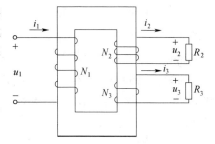

图 7-23 题 6 的图

9. 有一变压器匝数比为 0.1，如果信号源的内阻是 50Ω，为了实现最大功率传输，则负载 R_L 应该调整到多少？

10. 若变压器的额定功率为 $10V \cdot A$，一次电压为 220V，输出电压为 12.6V，二次绕组所能连接的最小电阻是多少？

11. 已知降压变压器的一次电压为 220V，二次电压为 10V，如果二次额定电流的最大值为 1A，则一次侧熔丝的额定参数是多少？

12. 已知某变压器的额定容量是 $1000V \cdot A$，工作频率是 50Hz，一次电压为交流 120V，二次电压为 600V，试求：

（1）最大负载电流是多少？

（2）能驱动的最小负载是多少？

（3）如果用电容器作为负载，那么能够连接的最大电容是多少？

第 8 章

电路的暂态分析

由于电路中存在电容和电感元件，电路又有接通和切断状态，这时电路会从一种稳定状态进入另一种稳定状态，这是由于电路中电容和电感是储能元件，在电容上的电压或电感中的电流是不会突变的，但其中会有一个暂态的过程。

研究电路的暂态过程，是认识和掌握电路中客观存在的规律，充分利用暂态过程的特性，同时也必须预防它产生的危害。例如，在电子技术中利用暂态过程来改变波形或产生特定的波形；另外在电源接通和断开的暂态过程中，要避免产生过电压和过电流。

8.1　储能元件和换路定则

8.1.1　储能元件

1. 电容

当电容元件上的电荷量或电压发生变化时，则在电路中引起的电流为

$$i = \frac{\mathrm{d}q}{\mathrm{d}t} = C \frac{\mathrm{d}u}{\mathrm{d}t}$$

上式是在电压和电流参考方向相同情况下得出的，否则要加一个负号。

当电容两端施加恒定电压，其中的电流为零，电容元件相当于开路。若将上式两边乘以电压 u，并积分之，可得

$$\int_0^t ui\mathrm{d}t = \int_0^u Cu\mathrm{d}u = \frac{1}{2}Cu^2$$

上式表明当电容上电压增高时，电场能量加大，电容从电源获取能量，电容被充电；当电压降低时，电场能量减小，电容向电源放还能量，电容放电。$\frac{1}{2}Cu^2$ 就是电容元件中的电场能量。

2. 电感

当电感元件中磁通 φ 或电流 i 发生变化时，则在电感元件中产生的感应电动势为

$$e_L = -N\frac{\mathrm{d}\varphi}{\mathrm{d}t} = -L\frac{\mathrm{d}i}{\mathrm{d}t}$$

根据基尔霍夫电压定律可写出：$u + e_L = 0$ 或 $u = -e_L = L\frac{\mathrm{d}i}{\mathrm{d}t}$

当线圈中通过恒定电流时，其上电压为零，电感元件此时视为短路。上式两边乘以电流 i，并积分之，可得

$$\int_0^t = \int ui\mathrm{d}t = \int_0^i Li\mathrm{d}i = \frac{1}{2}Li^2$$

上式表明当电感上电流增大时，磁场能量加大，电感从电源获取能量，电能转化为磁场能量；当电流减小时，磁场能量减小，电感向电源放还能量，电感元件中的磁场能量又还原成电场能量。$\frac{1}{2}Li^2$ 就是电感元件中的磁场能量。

8.1.2　换路定则

电路的接通、断开、短路、电压改变或参数改变等称为换路。换路将使电路的能量发生变化，但是不能跃变，否则将使功率 $p = \dfrac{\mathrm{d}W}{\mathrm{d}t}$ 为无穷大，这在实际上是不可能的。因此，电感元件中储存的磁能 $\dfrac{1}{2}Li^2$ 不能跃变，这反映在电感中的电流 i_L 不能跃变；电容元件中储存的电能 $\dfrac{1}{2}Cu^2$ 不能跃变，这反映在电容上的电压 u_C 不能跃变；电路中的暂态过程是由于储能元件中的能量不能突变而形成的。

基于以上的分析，设 $t=0$ 为换路瞬间，$t=0_-$ 表示换路前的终了瞬间；$t=0_+$ 表示换路后的初始瞬间。t 等于 0_- 和 0_+ 都表示换路瞬间，在数值上都等于零。$t=0_-$ 表示换路前 t 从负值趋近于 0，$t=0_+$ 表示换路后 t 从正值趋近于 0。从 $t=0_-$ 到 $t=0_+$ 瞬间，电感元件中的电流和电容元件上的电压不能跃变，这称为**换路定则**。用公式表示为

$$i_L(0_-) = i_L(0_+) \tag{8-1}$$

$$u_C(0_-) = u_C(0_+) \tag{8-2}$$

换路定则只适用于换路瞬间，可据此来确定 $t=0_+$ 时电路中电流和电压的数值，即为暂态过程的初始值。先由 $t=0_-$ 来确定电路中的 $i_L(0_-)$ 和 $u_C(0_-)$，而后由 $t=0_+$ 求出电路中的 $i_L(0_+)$、$u_C(0_+)$，这样确定电路的初始值。

【例 8.1】　电路如图 8-1a 所示，试确定电路中各电流和电压的初始值。设开关 S 闭合前电感和电容均未储能。

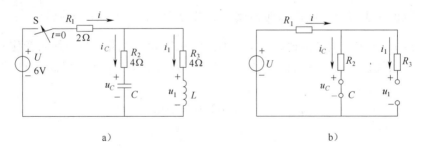

图 8-1　例 8.1 的图

解：在 $t=0$ 时开关 S 闭合可以得出：$u_C(0_-)=0$、$i_L(0_-)=0$。

由换路定则可以得出：$u_C(0_+)=0$、$i_L(0_+)=0$。

在 $t=0_+$ 的电路中可以将电容元件视为短路，将电感元件视为开路，得到图 8-1b 所示电路，于是得出其他各个初始值。

$$i(0_+) = i_C(0_+) = \frac{U}{R_1 + R_2} = \frac{6}{2+4}\text{A} = 1\text{A}$$

$$u_C(0_+) = R_2 i_C(0_+) = 4 \times 1\text{V} = 4\text{V}$$

8.2 RC 电路的响应

RC 电路的响应是指在 RC 电路中，电路由一种状态转换为另一种状态的过程。经典的分析方法是解电路的微分方程，得出电路的响应（电压和电流）。下面直接给出公式，或用实验的方法给出数据加以分析。

8.2.1 RC 电路的零输入响应

RC 电路的零输入响应，实际是分析电容放电的过程。电路如图 8-2 所示。

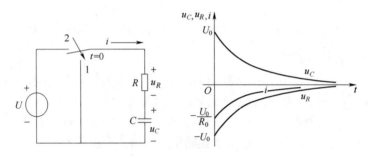

图 8-2 RC 电路的零输入响应

当开关合到 2 时，电源对电容充电，在充电完成以后，将开关由 2 转向 1，使电容脱离电源，输入的信号为零。此时电容经电阻开始放电，放电按指数规律衰减而趋于零，用公式表示为

$$u_C = U_0 e^{-\frac{1}{RC}t} = U_0 e^{-\frac{t}{\tau}} \tag{8-3}$$

式中，$\tau = RC$，因为它具有时间量纲，所以称 **RC 为电路的时间常数**。电容上的电压是从 U_0 开始衰减，电流由于与充电电流方向相反，所以为负，开始的放电电流为 $-\frac{U_0}{R_0}$。从理论上讲电路要经过 $t = \infty$ 的时间才能达到稳定。但是，从实验角度看，曲线开始变化较快，以后逐渐趋慢，一般经过 $t = 5\tau$ 左右的时间就可以认为电路达到了稳定状态，如图 8-3 所示。这时：

$$u_C = U_0 e^{-6} = 0.002 U_0 = (0.2\%) U_0 \tag{8-4}$$

1τ	2τ	3τ	4τ	5τ	6τ
e^{-1}	e^{-2}	e^{-3}	e^{-4}	e^{-5}	e^{-6}
0.368	0.135	0.050	0.018	0.007	0.002

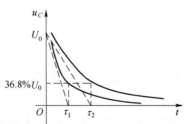

图 8-3 电路的时间常数与电容电压

时间常数 τ 愈大，或者是电容量大，则储存的电荷多，电压 u_C 就衰减得慢；或者是电阻大，则放电的电流小，也使电压 u_C 就衰减得慢。因此，可以通过改变电阻 R 和电容 C 的数值，改变电路时间常数，实现控制电容器放电的快慢。

8.2.2 RC 电路的零状态响应

RC 电路的零状态响应，是指换路前电容元件没有储存能量，在此条件下，由电源激励所产生的电路响应。零状态响应实际上是电容充电的过程，如图 8-4 所示，在 $t=0$ 时刻将开关 S 合上，电路与恒定电压为 U 的电源接通，对电容器开始充电。如果输入一阶跃电压 u，它与恒定电压不同，其表示式为

$$u = \begin{cases} 0 & t < 0 \\ U & t > 0 \end{cases}$$

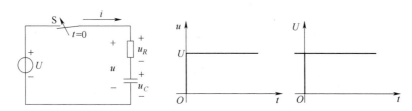

图 8-4 RC 电路的零状态响应

电容上的电压 u_C 按指数规律随时间增长而趋于稳态值，为

$$u_C = U\left(1 - \mathrm{e}^{-\frac{t}{\tau}}\right) \tag{8-5}$$

当 $t = \tau$ 时，$u_C = U(1 - \mathrm{e}^{-1}) = U\left(1 - \dfrac{1}{2.718}\right) = 63.2\%\,U$。

从电路看，暂态过程中电容元件两端电压由两部分组成：一部分是 U（达到稳态时的电压值，称为稳态分量）；另外一部分是暂态分量，是按指数规律衰减的，其大小也与电源电压有关。电容上电压或充电电流的暂态快慢与时间常数 τ 有关，如图 8-5 所示。电路中的电流与电阻上的电压分别为

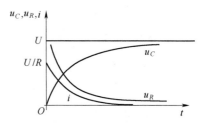

图 8-5 电容电压、充电电流的暂态变化

$$i = \frac{U}{R}\mathrm{e}^{-\frac{t}{\tau}}; \qquad u_R = Ri = U\mathrm{e}^{-\frac{t}{\tau}}$$

8.2.3 RC 电路的全响应

RC 电路的全响应，是指电源激励和电容元件的初始状态 $u_C(0_+)$ 均不为零时电路的响应，也就是零输入响应与零状态响应两者的叠加。用公式表示为

$$u_C = U_0\mathrm{e}^{-\frac{t}{\tau}} + U\left(1 - \mathrm{e}^{-\frac{t}{\tau}}\right) \tag{8-6}$$

公式的前一项是零输入响应，第二项为零状态响应。

全响应 = 零输入响应 + 零状态响应

全响应就是电容器的初始状态 $u_C(0_+)$ 作为一种电源, $u_C(0_+)$ 和电源激励分别单独作用时所得出的零输入响应和零状态响应叠加, 这就是叠加定理在电路暂态过程中的体现。

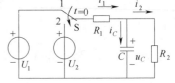

图 8-6 例 8.2 的图

【例 8.2】 在图示电路中, 开关原来在 1 位置上, 如在 $t=0$ 时把它合到 2 后, 试求电容元件上的电压 u_C。已知 $R_1=1\text{k}\Omega$、$R_2=2\text{k}\Omega$、$C=3\mu\text{F}$, $U_1=3\text{V}$、$U_2=5\text{V}$。

解: 在 $t=0_-$ 时, $u_C(0_-)=\dfrac{U_1R_2}{R_1+R_2}=\dfrac{3\times(2\times10^3)}{(1+2)\times10^3}\text{V}=2\text{V}$

在 $t\geqslant0$ 时, 根据基尔霍夫电流定律列出:

$$i_1-i_2-i_C=0 \qquad \frac{U_2-u_C}{R_1}-\frac{u_C}{R_2}-C\frac{\mathrm{d}u_C}{\mathrm{d}t}=0$$

经整理后得

$$R_1C\frac{\mathrm{d}u_C}{\mathrm{d}t}+\left(1+\frac{R_1}{R_2}\right)u_C=U_2$$

$$(3\times10^{-3})\frac{\mathrm{d}u_C}{\mathrm{d}t}+\frac{3}{2}u_C=5$$

解之得

$$u_C=u_C'+u_C''=\left(\frac{10}{3}+A\mathrm{e}^{-\frac{1}{2\times10^{-3}}t}\right)\text{V}$$

当 $t=0_+$ 时, $u_C(0_+)=2\text{V}$, 则 $A=-\dfrac{4}{3}$, 所以

$$u_C=\left(\frac{10}{3}-\frac{4}{3}\mathrm{e}^{-\frac{1}{2\times10^{-3}}t}\right)\text{V}=\left(\frac{10}{3}-\frac{4}{3}\mathrm{e}^{-500t}\right)\text{V}$$

8.3 微分电路和积分电路

8.3.1 微分电路

RC 微分电路如图 8-7 所示。设电路处于零状态, 输入是矩形脉冲电压 u_1, 其值为 6V, 脉冲宽度 $t_\text{p}=50\mu\text{s}$, 在电阻上输出电压 u_2, 设电阻 $R=20\text{k}\Omega$, $C=100\text{pF}$, 于是可得

$$\tau=RC=20\times10^3\times100\times10^{-12}\text{s}=2\times10^{-6}\text{s}=2\mu\text{s}$$

$$\tau\ll t_\text{p}$$

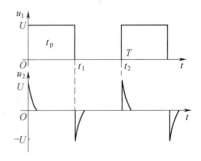

图 8-7 RC 微分电路

8.3.2 积分电路

RC 积分电路如图 8-8 所示。设电路处于零状态，输入是矩形脉冲电压 u_1，其值为 6V，脉冲宽度 $t_p = 50\mu s$，在电容上输出电压 u_2，设电阻 $R = 20M\Omega$，$C = 100\mu F$，于是可得

$$\tau = RC = 20 \times 10^6 \times 100 \times 10^{-6}s = 2 \times 10^3 s = 2000s$$

$$\tau \gg t_p$$

由于 $\tau \gg t_p$，电容器缓慢充电，电容器两端的电压在整个脉冲持续时间内缓慢增长，当还没有增长到稳态值时，脉冲已经终止（$t = t_1$）。以后电容器又经电阻缓慢放电，电容器上的电压缓慢衰减，于是在输出端输出一个锯齿波电压。时间常数 τ 越大，充电越缓慢，所得锯齿波电压的线性也就越好。u_2 是对 u_1 积分的结果，因此，这种电路称为**积分电路**。

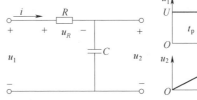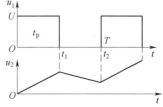

图 8-8　RC 积分电路

8.4　RL 电路的响应

RL 电路的响应是指在 RL 电路中，电路由一种状态转换为另一种状态的过程。

RL 电路的零输入响应，实际是电感元件上已有储能的情况下，RL 被短接，进行放电的过程。RL 电路的零输入响应如图 8-9 所示。

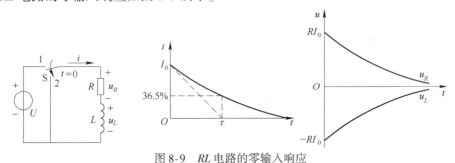

图 8-9　RL 电路的零输入响应

RL 电路被短接，此时，电感元件已储有能量，其中电流的初始值 $i(0_+) = I_0$。电流变化的关系式是：

$$i = I_0 e^{-\frac{R}{L}t} = I_0 e^{-\frac{t}{\tau}} \tag{8-7}$$

式中，$\tau = L/R$，时间常数 τ 愈小，暂态过程就进行得快。因为 L 愈小，则阻碍电流变化的作用也就愈小 $\left(i = -L\dfrac{di}{dt}\right)$。

8.5　一阶线性电路暂态分析的三要素法

只含有一个储能元件或可等效为一个储能元件的线性电路，其微分方程都是一阶常系数线性微分方程，此电路为**一阶线性电路**。在 RC 一阶线性电路中，电路的响应是由稳态分量

（包括零值）和暂态分量两部分相加而得，其公式为

$$f(t) = f'(t) + f''(t) = f(\infty) + A\mathrm{e}^{-\frac{t}{\tau}} \tag{8-8}$$

式中，$f(t)$ 是电流或电压，$f(\infty)$ 是稳态分量（即稳态值），$A\mathrm{e}^{-\frac{t}{\tau}}$ 是暂态分量。若初始值为 $f(0_+)$，则得 $A = f(0_+) - f(\infty)$。

于是：

$$f(t) = f(\infty) + [f(0_+) - f(\infty)]\mathrm{e}^{-\frac{t}{\tau}} \tag{8-9}$$

此式为一阶线性电路暂态过程中任意变量的一般公式。

只要求出 $f(0_+)$、$f(\infty)$、和 τ 这三个要素，就可以直接写出电路的响应（电流或电压）。电路响应的变化曲线都是按指数规律变化的（增长或衰减），如图 8-10 所示。

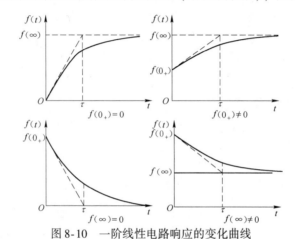

图 8-10　一阶线性电路响应的变化曲线

【例 8.3】　应用三要素法求图 8-11 所示电路中的 u_C。电路参数如图所示。

解：（1）$u_C(0_+) = \dfrac{R_2}{R_1 + R_2}U_1 = \dfrac{2}{1+2} \times 3\mathrm{V} = 2\mathrm{V}$

（2）$u_C(\infty) = \dfrac{R_2}{R_1 + R_2}U_2 = \dfrac{2}{1+2} \times 5\mathrm{V} = \dfrac{10}{3}\mathrm{V}$

（3）$\tau = (R_1 /\!/ R_2)C = \dfrac{1 \times 2 \times 10^6}{(1+2) \times 10^3} \times 3 \times 10^{-6}\mathrm{s} = 2 \times 10^{-3}\mathrm{s}$

整理后得：

$$u_C = \left[\frac{10}{3} + \left(2 - \frac{10}{3}\right)\mathrm{e}^{-\frac{1}{2 \times 10^{-3}}t}\right]\mathrm{V} = \left(\frac{10}{3} - \frac{4}{3}\mathrm{e}^{-500t}\right)\mathrm{V}$$

【例 8.4】　在图 8-12 所示电路中，$U = 20\mathrm{V}$，$C = 4\mu\mathrm{F}$，$R = 50\mathrm{k}\Omega$。在 $t = 0$ 时闭合 S_1，在 $t = 0.1\mathrm{s}$ 时闭合 S_2，求：S_2 闭合后的电压 u_R。设 $u_C(0_-) = 0$。

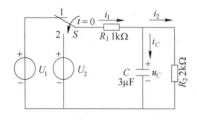

图 8-11　例 8.3 的图

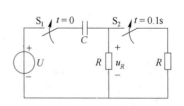

图 8-12　例 8.4 的图

解：在 $t = 0$ 时闭合 S_1 后，可以得出

$$u_R = Ue^{-\frac{t}{\tau}} = 20e^{-\frac{t}{0.2}}V$$

式中，$\tau = RC = 50 \times 10^3 \times 4 \times 10^{-6} = 0.2s$。在 $t = 0.1s$ 时，

$$u_R(0.1s) = 20e^{-\frac{0.1}{0.2}}V = 20e^{-0.5}V = 20 \times 0.607V = 12.14V$$

在 $t = 0.1s$ 时闭合 S_2 后，应用三要素法求 u_R。

(1) 确定初始值：$u_R(0.1s) = 12.14V$

(2) 确定稳态值：$u_R(\infty) = 0$

(3) 确定时间常数：

$$\tau_2 = \frac{1}{2}RC = 25 \times 10^3 \times 4 \times 10^{-6}s = 0.1s$$

于是写出：

$$u_R = u_R(\infty) + [u_R(0.1s) - u_R(\infty)]e^{-\frac{t-0.1}{\tau_2}}$$

$$= [0 + (12.14 - 0)e^{-\frac{t-0.1}{0.1}}]V = 12.14e^{-10(t-0.1)}V$$

本 章 小 结

1. 换路定则

换路时，能量不能跃变，即：电感中的电流 i_L 和电容上的电压 u_C 不能跃变。

$$\left.\begin{array}{c} i_L(0_-) = i_L(0_+) \\ u_C(0_-) = u_C(0_+) \end{array}\right\}$$

2. RC 电路的暂态过程

RC 电路的零输入响应：$u_C = U_0e^{-\frac{1}{RC}t} = U_0e^{-\frac{t}{\tau}}$

电路的时间常数：$\tau = RC$

RC 电路的零状态响应：$u_C = U\left(1 - e^{-\frac{t}{\tau}}\right)$

RC 电路的全响应：$u_C = U_0e^{-\frac{t}{\tau}} + U\left(1 - e^{-\frac{t}{\tau}}\right)$

全响应 = 零输入响应 + 零状态响应

3. 一阶线性电路

只含有一个储能元件或可等效为一个储能元件的线性电路，其微分方程都是一阶常系数线性微分方程，此电路为**一阶线性电路**。

一阶线性电路暂态过程中任意变量的一般公式：

$$f(t) = f(\infty) + [f(0_+) - f(\infty)]e^{-\frac{t}{\tau}}$$

练 习 题

1. 电感元件中通过恒定电流时可视为短路，是否此时电感 L 为零？电容元件两端施加恒定电压时可视为开路，是否此时电容 C 为无穷大？

2. 在图 8-13 所示电路中，试确定在开关 S 断开后初始瞬间的电压 u_C 和电流 i_C、i_1、i_2 之值。S 断开前

电路已处于稳态。

3. 有一 *RC* 放电电路，电路如图 8-14 所示，电容元件上的电压初始值 $u_C(0_+) = U_0 = 20V$，$R = 10k\Omega$，放电开始（$t=0$）经过 $0.01s$ 后，测得放电电流为 $0.736mA$，试问电容值 C 为多少？

4. 试用三要素法写出图 8-15 所示曲线的表达式 u_C。

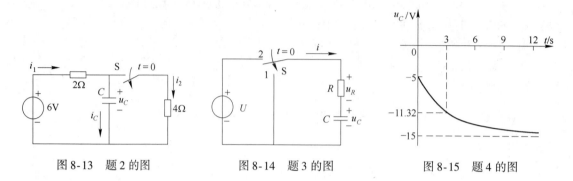

图 8-13　题 2 的图　　　　　图 8-14　题 3 的图　　　　　图 8-15　题 4 的图

附　录

EWB 计算机仿真实验

附录 A　Electronics WorkBench 简介

Electronics WorkBench（简称 EWB）是加拿大 Interactive Image Technologies Ltd 公司于 1988 年推出的，它以 SPICE3F5 为模拟软件的核心，并增强了数字及混合信号模拟方面的功能，是一个用于电子电路仿真的"虚拟电子工作台"，是目前高校在电工电子技术教学中应用最广泛的一种电路仿真软件。EWB 软件界面形象直观，操作方便，采用图形方式创建电路和提供交互式仿真过程。创建电路需要的元器件、电路仿真需要的测试仪器均可直接从屏幕中选取，且元器件和仪器的图形与实物外形非常相似，因此极易学习和操作。

EWB 软件提供电路设计和性能仿真所需的数千种元器件和各种元器件的理想参数，同时用户还可以根据需要新建或扩充元器件库。它提供直流、交流、暂态等 13 种分析功能。另外，它可以对被仿真电路中的元器件设置各种故障，如开路、短路和不同程度的漏电，以观察不同故障情况下电路的状态。EWB 软件输出方式灵活，在仿真的同时它可以储存测试点的所有数据，列出被仿真电路的所有元器件清单，显示波形和具体数据等。由于它所具有的这些特点，非常适合做电工电子技术的仿真实验。

附录 B　EWB 的基本界面

1. EWB 的主窗口

启动 EWB5.0 可以看到如图 1 所示的主窗口，它由菜单栏、工具栏、元器件库区、电路设计区、电路描述窗口、状态栏和暂停按钮、启动/停止开关组成。从图中可以看到，EWB 模仿了一个实际的电工电子工作台，其中最大的区域是电路设计区，在这里可进行电路的创建、测试和分析。在电路描述窗口中，可输入文本以描述电路。"O/I"和"Pause"用于控制电路仿真与否。状态栏显示鼠标所指处元件或仪表的名称，在仿真时，显示仿真中的现状以及分析所需的时间，此时间不是实际的 CPU 运行时间。

2. 菜单栏

（1）File（文件）菜单　文件菜单如图 2 所示，它主要用于管理 Workbench 所创建的电路和文件。

1）New：刷新工作区，准备创建新电路文件。

2）Open...：打开已有的电路文件。

3）Save：以现有的文件名保存电路文件。

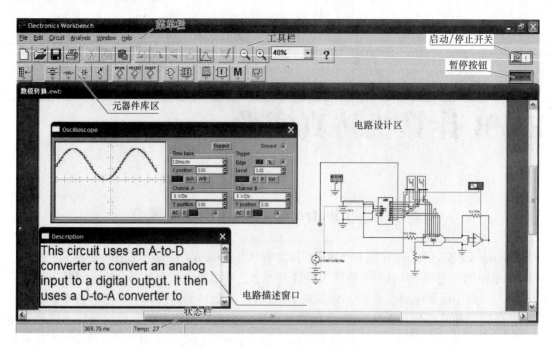

图 1   Electronics Workbench 主窗口

4）Save As...：换名保存电路文件。

5）Revert to Saved...：恢复电路为最后一次保存时的状态。

6）Import...：输入其他软件形成的 Spice 网表文件（文件扩展名为 .NET 或 .CIR）并生成原理图。

7）Export...：将当前电路文件以 Spice 网表文件（扩展名 .NET、.SCR、.BMP、.CIR、.PIC）输出，供其他软件调用。

8）Print...：打印原理图、元器件列表、仪器测试结果等。

9）Print Setup...：打印机设置。

10）Program Options...：Workbench 选项设置。

11）Exit：退出 Workbench。

12）Install...：安装 Workbench 的附加组件。

（2）Edit（编辑）菜单 编辑菜单如图 3 所示，它主要用于在电路绘制过程中对电路元件的各种处理，其中 Cut、Copy、Paste、Delete、Select All 功能与 Windows 的基本功能相同，不再详述。

1）Copy as Bitmap：将选中的内容以位图形式复制到剪贴板。

2）Show Clipboard：显示剪贴板的内容。

（3）Circuit（电路）菜单 电路菜单如图 4 所示，它主要用于电路图的创建和仿真。

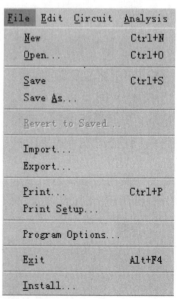

图 2   文件菜单

```
Edit  Circuit  Analysis
Cut                Ctrl+X
Copy               Ctrl+C
Paste              Ctrl+V
Delete             Del
Select All         Ctrl+A

Copy as Bitmap
Show Clipboard
```

图 3 编辑菜单

```
Circuit  Analysis  Window  Help
Rotate                      Ctrl+R
Flip Horizontal
Flip Vertical
Component Properties...

Create Subcircuit...        Ctrl+B
Zoom In                     Ctrl++
Zoom Out                    Ctrl+-

Schematic Options...
Restrictions...             Ctrl+I
```

图 4 电路菜单

1）Rotate：将选定的元器件顺时针旋转 90°。

2）Flip Horizontal：将选定的元器件水平翻转。

3）Flip Vertical：将选定的元器件垂直翻转。

4）Component Properties...：显示选定元器件的属性窗口，以便于修改元器件参数。

5）Create Subcircuit...：创建子电路。

6）Zoom In：将工作区内的电路放大显示。

7）Zoom Out：将工作区内的电路缩小显示。

8）Schematic Options：设置电路图选项。单击其可打开选择设置对话框，在选择设置对话框中，选择栅格、标号等是否显示。

9）Restrictions...：有关电路和分析的一些限制。

（4）Analysis（分析）菜单 分析菜单如图 5 所示，它主要用于对电路的分析方式和过程进行控制。

1）Activate：激活，开始仿真。

2）Pause：暂停仿真。

3）Stop：停止仿真。

4）Analysis Options...：有关电路分析的选项，一般选用默认值。

5）DC Operating Point：直流工作点，分析显示直流工作点结果。

6）AC Frequency...：交流频率分析，分析电路的频率特性。

7）Transient...：瞬态分析，即时域分析。

8）Fourier...：傅里叶分析，分析时域信号的直流、基波、谐波分量。

9）Noise...：噪声分析，分析电阻或晶体管的噪声对电路的影响。

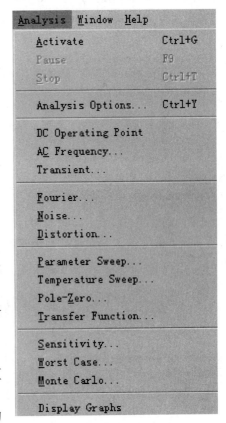

```
Analysis  Window  Help
Activate              Ctrl+G
Pause                 F9
Stop                  Ctrl+T

Analysis Options...   Ctrl+Y

DC Operating Point
AC Frequency...
Transient...

Fourier...
Noise...
Distortion...

Parameter Sweep...
Temperature Sweep...
Pole-Zero...
Transfer Function...

Sensitivity...
Worst Case...
Monte Carlo...

Display Graphs
```

图 5 分析菜单

10）Distortion...：失真分析，分析电子电路中的谐波失真和内部调制失真。

11）Parameter Sweep...：参数扫描分析，分析某元件的参数变化对电路的影响。

12）Temperature Sweep...：温度扫描分析，分析不同温度条件下的电路特性。

13）Pole-Zero：极零点分析，分析电路中的极点、零点数目及数值。

14）Transfer Function...：传递函数，分析源和输出变量之间直流小信号传递函数。

15）Sensitivity...：灵敏度分析，分析节点电压和支路电流对电路元件参数的灵敏度。

16）Worst Case...：最坏情况分析，分析电路特性变坏的最坏可能性。

17）Monte Carlo...：蒙特卡罗分析，分析电路中元件参数在误差范围变化时对电路特性的影响。

18）Display Graphs...：显示各种分析结果。

（5）Window（窗口）菜单　窗口菜单如图6所示，它主要用于屏幕上显示窗口的安排。

1）Arrange：重排窗口内容。

2）Circuit：显示电路窗口内容。

3）Description：显示描述窗口内容。

（6）Help（帮助）菜单　帮助菜单如图7所示。

1）Help：在线帮助。

2）Help Index...：帮助目录。

3）Release Notes：注解目录。

4）About Electronics Workbench：版本说明。

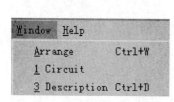

图6　窗口菜单

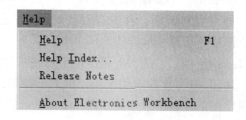

图7　帮助菜单

3. 元器件库

EWB的元器件库提供了非常丰富的元器件和各种常用测试仪器，设计电路时，只要单击所需元器件库的图标即可打开该库。元器件库如图8所示，各库的子库示例如图9～图12所示。

图8　元器件库

接地　电池　直流电流源　交流电压源　交流电流源　电压控制电压源　电压控制电流源　电流控制电压源　电流控制电流源　Vcc 电压源　Vdd 电压源　时钟脉冲源

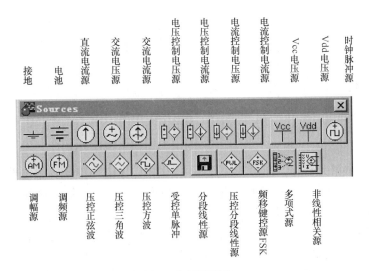

调幅源　调频源　压控正弦波　压控三角波　压控方波　受控单脉冲　分段线性源　压控分段线性源　频移键控源 FSK　多项式源　非线性相关源

图 9　信号源子库

连接点　电阻　电容　电感　变压器　继电器　开关　延时开关　电压控制开关　电流控制开关　上拉电阻

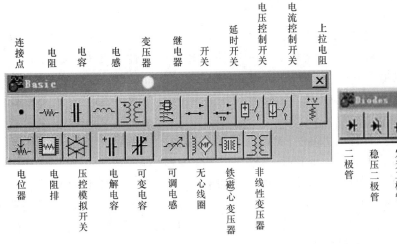

电位器　电阻排　压控模拟开关　电解电容　可变电容　可调电感　无心线圈　铁(磁)心变压器　非线性变压器

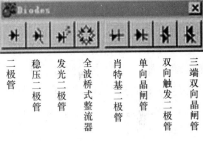

二极管　稳压二极管　发光二极管　全波桥式整流器　肖特基二极管　单向晶闸管　双向触发二极管　三端双向晶闸管

图 10　器件子库示例

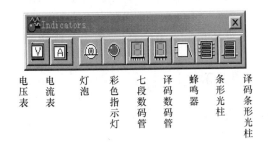

电压表　电流表　灯泡　彩色指示灯　七段数码管　译码数码管　蜂鸣器　条形光柱　译码条形光柱

图 11　指示器件子库

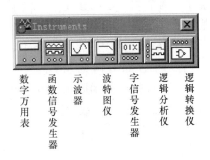

数字万用表　函数信号发生器　示波器　波特图仪　字信号发生器　逻辑分析仪　逻辑转换仪

图 12　仪器子库

155

附录 C　EWB 的基本操作

1. 电路的创建

（1）元器件的操作

1）调用：单击元器件所在的库图标，打开该元器件库，从下拉的子库中选中所需元器件拖拽到电路设计区的合适位置。

2）选中：单击某元器件，即可选中该器件。按住"Ctrl"键反复单击要选中的元器件，可选中一组元器件。在设计区的某位置拖拽出一矩形框，可选中矩形区域里的所有元器件。选中的元器件变为红色以示区别。

3）移动：拖拽元器件可移动该元器件。选中一组元器件，拖拽其中任意一个元器件，可移动一组元器件，元器件移动后连线会自动排列。

4）旋转、翻转、复制和删除：选中元器件，单击工具栏的相应按钮或选择相应的菜单命令，可实现元器件的旋转、翻转、复制和删除。此外，直接将元器件拖拽到元器件库也可实现删除操作。

（2）元器件参数设置　选中元器件后，单击工具栏的元器件属性按钮，或选择菜单 Circuit/Component Properties 命令，或双击该元器件，会弹出属性设置对话框，在此对话框中有多项设置，包括 Label（标识）、Models（模型）、Value（数值）、Fault（故障设置）、Display（显示）、Analysis Setup（分析设置）等内容。这些选项的含义和设置方法如下：

1）Label 选项用于设置元器件的 Label（标识）和 Reference ID（编号），编号通常由系统自动分配，用户也以修改，但必须保证其唯一性。

2）Value 选项用于简单元器件的参数设置，Label 和 Value 设置对话框如图 13 所示。

3）Models 选项用于较复杂元器件的模型选择，如图 14 所示。模型的 Default（默认设置）通常为 Ideal（理想），这有利于加快分析速度，多数情况下能满足分析要求。如对分析精度有特殊要求，可以选择具有具体型号的器件模型。

4）Fault 选项可供人为设置元器件的隐含故障。它提供了以下几种故障：Open（开路），即在选定元器件的两个端子之间接上一个大阻值电阻使其开路；Short（短路），即在选定元器件的两个端子之间接上一个小阻值电阻使其短路；Leakage（泄漏），即在选定元器件的两个端子之间接上一个电阻使电流被旁路。通过故障的设置，为电路的故障分析提供了方便。

5）Display 选项用于设置 Label Values（Models）Reference ID 的显示方法。Fault 和 Display 设置对话框如图 14 所示。

6）Analysis Setup 用于设置电路的工作温度等有关参数。

（3）可控元器件参数设置

1）数值可调元件设置。属于这部分的元件有电位器、可变电容、可调电感。以电位器为例说明。

选中并双击电位器元件，打开参数设置对话框，如图 15 所示。Value 项里有四个选项：Resistance 选项用于设定电阻值；Setting 选项用于设定起始电阻值，其物理意义是电位器接

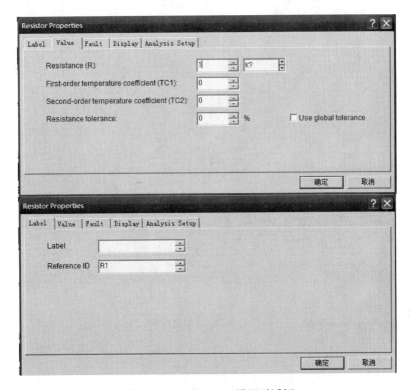

图 13　Label 和 Value 设置对话框

入电路后由 Setting 选项中的设定值开始变化；Increment 选项用于设定阻值变化一次的幅度；Key 选项用于设定控制键的符号键。如某电位器按图 15 所示进行设置，当电路进行仿真时，电位器由阻值的 50% 开始变化，实验者每按动一次键盘上的 "V" 键，阻值减少 5%，同时按 "Shift + V" 键，阻值增加 5%。对话框中的默认值均可改变。

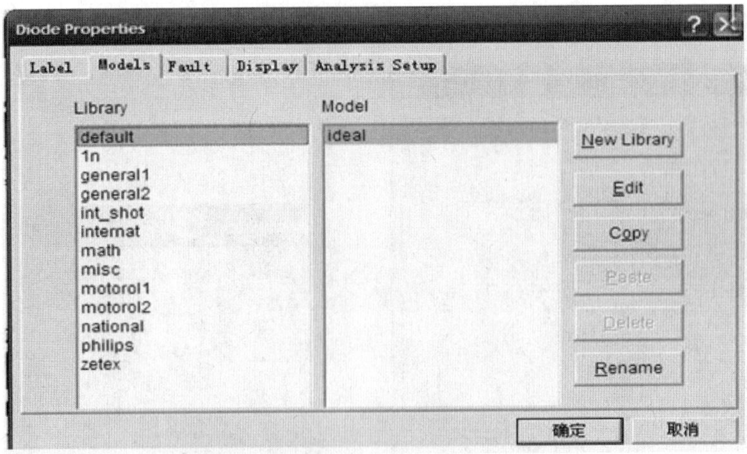

图 14　Models、Fault 和 Display 设置对话框

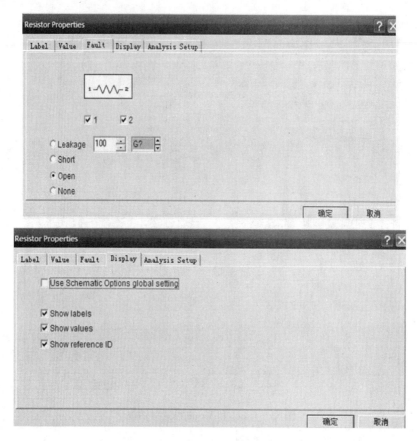

图 14　Models、Fault 和 Display 设置对话框（续）

2）可控元件的设置　属于这部分的元件有继电器、开关、延时开关等。现以开关为例说明。选中并双击开关元件，打开参数设置对话框如图 16 所示，在 Value 项里输入控制键的符号键。如某开关按图 16 所示进行设置，在电路仿真时，当实验者按动一次"V"键，开关中的刀就动作一次，从而完成电路的切换。

图 15　电位器参数设置对话框

图 16　开关参数设置对话框

（4）电路图选项的设置　选择 Circuit/Schematic Options 菜单命令可弹出图 17 所示的电路图选项设置对话框。Grid（栅格）选项可设置栅格的使用与否，如选中使用，则电路图中的元器件与导线均落在栅格线上，可保持电路图横平竖直，美观整齐。Show/Hide（显示/隐藏）选项可设置标号、数值、元器件库的显示方式，该设置对整个电路图的显示方式有效。Fonts 选项可设置 Label、Value 和 Models 的字体和字号。

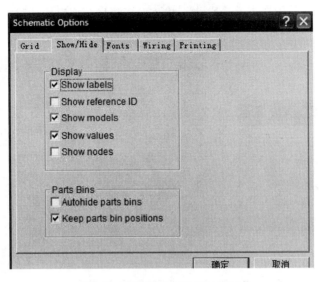

图 17　电路图选项设置对话框

（5）导线的操作

1）导线的连接：用鼠标指向元器件的端点使其变成一个小圆点，然后拖拽出一根导线至另一元器件或连接点的端点，出现另一个圆点后释放鼠标左键，完成导线的连接。

2）连接点的使用：一个连接点最多可以连接来自 4 个方向的导线，可以直接将连接点插入连线中，还可以给连接点赋予标识。

3）连线的移动：将光标贴近该导线，按下鼠标左键，这时光标变为一双箭头，拖拽即可移动该导线。

4）导线颜色设置：双击导线可弹出 Wire Properties 对话框，选择 Schematic Options 选项，单击"Set Wire Color"按钮，即可选择合适的颜色。

5）在连线中插入元器件：直接将元器件拖拽至导线上，该元器件即可插入电路。

6）连线的删除和改动：将连线的一端拖离元器件的端点即可删除连线。如将其拖拽至另一个连接点，即可完成连线的改动。

2. 虚拟仪器的使用

EWB5.0 仪器库为使用者提供了数字万用表、函数信号发生器、示波器、波特图仪四种模拟仪器和字信号发生器、逻辑分析仪、逻辑转换仪三种数字仪器。它们均只有一台。使用时，单击仪器库图标，拖拽所需仪器图标至电路设计区，按要求接至电路测试点，然后双击该仪器图标就可打开仪器的面板，进行设置和测试。模拟仪器（除波特图仪）在接入电路并仿真开始之后，若改变电路的测试点，则显示的数据和波形也会相应变化，而不用重新启动电路。而波特图仪和数字仪器则应重新启动电路。

下面分别介绍数字万用表、函数信号发生器、示波器的使用。

（1）数字万用表　这是一种能自动调整量程的数字万用表，图标和面板如图18所示。在面板中根据测试要求，可设置为直流电压、电流挡，交流电压、电流挡，电阻挡和分贝挡。单击"Settings"（参数设置）按钮可进入参数设置界面，在其中可设置电流挡内阻、电压挡内阻、电阻挡的电流值和分贝挡的标准电压等内部参数。使用时要注意在测电阻时，必须使电子工作台"O/I"开关处于"启动"状态。在测量交流电压和电流时面板显示的值为有效值。

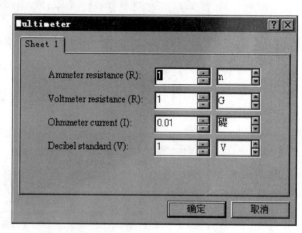

图18　数字万用表的图标、面板和参数设置界面

（2）函数信号发生器　函数信号发生器是用来产生正弦波、方波、三角波信号的仪器，其图标和面板如图19所示。它能够产生0.1Hz～999MHz的信号。信号幅度（信号峰值）可以在mV级到999kV之间设置。占空比只用于三角波和方波，设定范围为0.1%～99%。偏置电压设置是指把三种波形叠加在设置的偏置电压上输出。

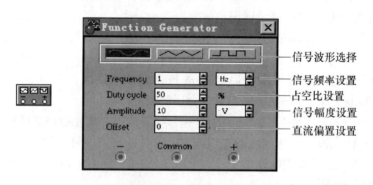

图19　函数信号发生器图标和面板

在仿真过程中要改变输出波形的类型、大小、占空比或偏置电压时，必须暂时关闭"O/I"开关，对上述内容改变后，重新启动，函数信号发生器才能按新设置的数据输出信号波形。

（3）示波器　EWB中的虚拟示波器外观及操作与实际的双踪单扫描示波器非常相似。

其图标和面板如图 20 所示。当单击面板中"Expand"（扩展）按钮时，可以将面板进一步展开，如图 21 所示，这样能够更细致地观察波形。用鼠标拖曳读数指针可进行精确测量。

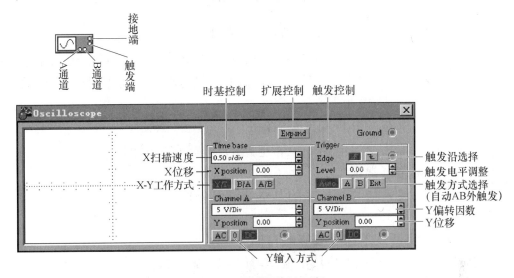

图 20　示波器图标和面板

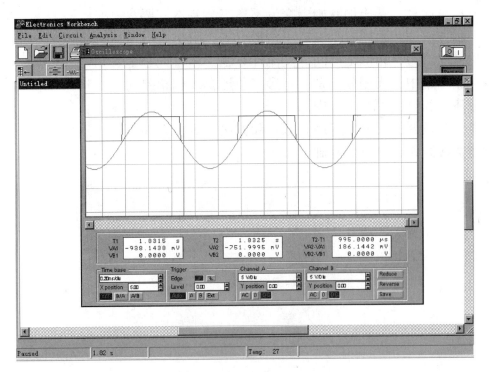

图 21　扩展的示波器面板

在扩展的面板中，单击"Reduce"按钮，可恢复面板原来大小；单击"Reverse"按钮，可改变屏幕背景颜色；单击"Save"按钮，可以以 ASCII 码格式存储波形读数。示波器显示波形的颜色可以通过设置连接示波器的导线颜色确定。

电工及电气测量技术课程要点

"电工及电气测量技术"是一门必修的专业基础课。通过本课程的学习，使学生掌握电路的基本理论、基本分析方法和基本概念；了解安全用电常识；掌握电气测量技术的基本原理和方法，熟练使用常用电工仪器仪表。为后续课程打下坚实基础。基本要求如下：

1）掌握直流电路的分析和计算方法。
2）熟悉正弦单相交流电路、三相电路的基本概念和计算。
3）了解安全用电常识。
4）掌握电工仪表与测量技术的基本知识和技能。

附：电工及电气测量技术课程要点顺口溜

电工电气课，专业基础课。要想学习好，基础莫放过。
掌握好电路，一基是概念，二基为理论，三基是方法。
分析与计算，基氏加欧姆。交流不离三，基本三要素。
表示方法三，阻感容是三。三角形有三，阻抗与电压，
功率加后边，相似记心间。交流计算题，相位记心里。
三相电路中，线相分清楚，星形三角形，线相相差同，
分清压和流，尽在掌握中。
电气测量课，仪表熟练用。原理和方法，应在掌握中。
读数接线熟，打下好基础。

162

参 考 文 献

[1] 秦曾煌. 电工学：上册 [M]. 6 版. 北京：高等教育出版社, 2004.

[2] Thomas L Floyd. 电路基础 [M]. 夏琳, 施惠琼, 译. 6 版. 北京：清华大学出版社, 2006 年.

[3] 栗原丰, 向坂荣夫, 福田务. 图解电气理论计算 [M]. 颜萍, 唐厚君, 译. 北京：科学出版社, 2004.

[4] 张万顺, 等. 电工学例题与习题 [M]. 上海：华东理工大学出版社, 2003.

[5] 席时达. 电工技术基础自学辅导 [M]. 北京：机械工业出版社, 2002.

[6] 岩泽孝治, 中村征寿. 图解电路 [M]. 李福寿, 译. 北京：科学出版社, 2003.

[7] 饭田芳一. 电工电路 [M]. 杨凯, 译. 北京：科学出版社, 2004.

[8] 陈静. 电路分析基础 [M]. 天津：天津大学出版社, 2009 年.

[9] 饭高成男. 电路基础习题集 [M]. 何希才, 译. 北京：科学出版社, 2001.

[10] 张万顺, 等. 电工学例题与习题 [M]. 上海：华东理工大学出版社, 2003.

[11] 席时达. 电工技术基础自学辅导 [M]. 北京：机械工业出版社, 2002.

[12] 王英. 电工技术基础 电工学 [M]. 北京：机械工业出版社, 2007.

[13] 朱伟兴. 电工学 [M]. 北京：高等教育出版社, 2008.

[14] 白乃平. 电工基础 [M]. 西安：西安电子科技大学出版社, 2005.

[15] 贾学堂, 朱慧红. 电工学习题与精解 [M]. 上海：上海交通大学出版社, 2005.

[16] 李梅. 电工基础 [M]. 北京：机械工业出版社, 2005.

[17] 曲桂英. 电工基础及实训 [M]. 北京：高等教育出版社, 2005.

[18] 史仪凯. 电工学 [M]. 北京：科学出版社, 2005.